油气田注采现场典型安全隐患图集

邹京伦　编著

中国石化出版社

图书在版编目（CIP）数据

油气田注采现场典型安全隐患图集 / 邹京伦编著 .—北京：中国石化出版社，2023.5

ISBN 978-7-5114-7059-1

Ⅰ. ①油…　Ⅱ. ①邹…　Ⅲ. ①注气（油气田）—安全隐患—图集　Ⅳ. ① TE357.7-64

中国国家版本馆 CIP 数据核字（2023）第 084230 号

中国石化出版社出版发行

地址：北京市东城区安定门外大街 58 号

邮编：100011　电话：(010) 57512500

发行部电话：(010) 57512575

http：//www.sinopec-press.com

E-mail：press@sinopec.com

北京艾普海德印刷有限公司印刷

全国各地新华书店经销

*

787 × 1092 毫米 32 开本 5.5 印张 63 千字

2023 年 5 月第 1 版　2023 年 5 月第 1 次印刷

定价：39 .00 元

前言
PREFACE

长久以来，安全生产工作中存在问题难以消灭、重复发生的现象，其重要原因就是隐患不能得到广泛的重视和解释，操作者不能全部掌握本岗位已经发生过的问题情况，从而在无意中导致问题再次发生。“油气田生产现场典型安全隐患图集”系列丛书以油气田生产现场的各类安全生产典型问题为主要内容，针对不同场所、不同专业、不同岗位，分门别类地整理出各类现场在设备管理、人员操作等方面存在的典型问题，并配以图片说明，解释这些问题违反的规章制度、标准规范，以及可能产生的后果，简明扼要、直观清晰。该丛书所列的问题，全部来源于油田各生产现场，是现场真实存在的隐患。

对于油田企业而言，针对不同的专业场景，列出需要重点关注的典型问题，以图书的形式进行宣传和教育，可以实现问题在现场得到长久管控的目的，是保障现场安全生产的重要工作内容，是创新现场安全生产管理方法的有益探索。

该丛书为每个问题均配套了现场图片，贴近生产一线，使知识点的掌握直观、不枯燥，是为油田企业各岗位量身定制的安全生产工具书，具有很高的使用价值。该丛书不仅是基层现场安全教育培训的好教材，也是现场加强风险管控、实现问题销项的好措施，对加强安全生产工作具有重要意义。

《油气田注采现场典型安全隐患图集》由邹京伦编写、设计及统稿。笔者长期从事油田安全环保监督检查工作，熟悉油田各类生产环节的设备设施、工艺流程，具有丰富的基层工作经验和安全环保管理工作经验。

该丛书可供油气田生产现场操作人员及安全监督、管理人员日常工作使用，也可作为油气田现场员工专业培训与学习用书。由于安全生产工作的高度复杂性及作者水平有限，书中难免存在不足之处，敬请广大读者批评指正。

目录
CONTENTS

抽油机操作施工前，应检查调整刹车，确保刹车灵活好用。刹死刹车在抽油机上操作时，应有专人看护刹车或有可靠的防护装置，并确认装置有效。

《游梁式抽油机井地面操作与维护规程》（Q/SH1020 1400—2012）中3.8

案例：某采油厂采油管理区抽油机维修施工现场，一名操作人员独自紧压杠螺栓期间，抽油机未刹死且刹车无人看护，存在机械伤害风险。

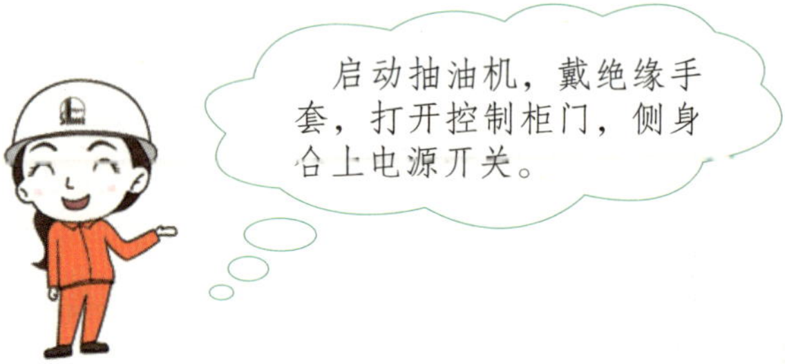

《游梁式抽油机井地面操作与维护规程》(Q/SH1020 1400—2012) 中4.2

案例： 某采油厂采油管理区更换抽油机施工现场，操作人员未戴绝缘手套启动抽油机电源开关。

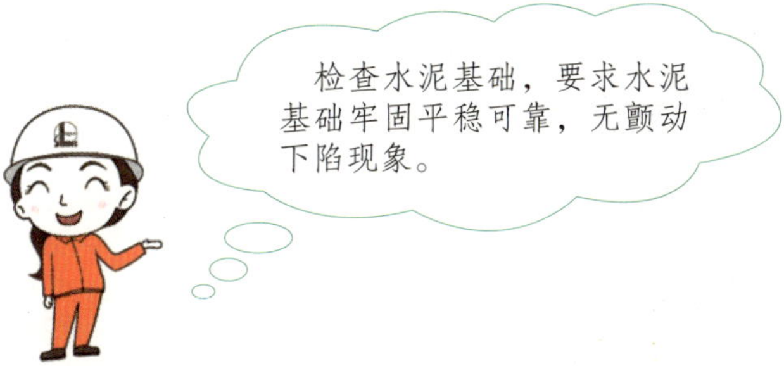

《游梁式抽油机井地面操作与维护规程》（Q/SH1020 1400—2012）中7.2.7

案例： 某采油厂采油管理区井场，抽油机因基础不平整导致运行过程中出现晃动现象。

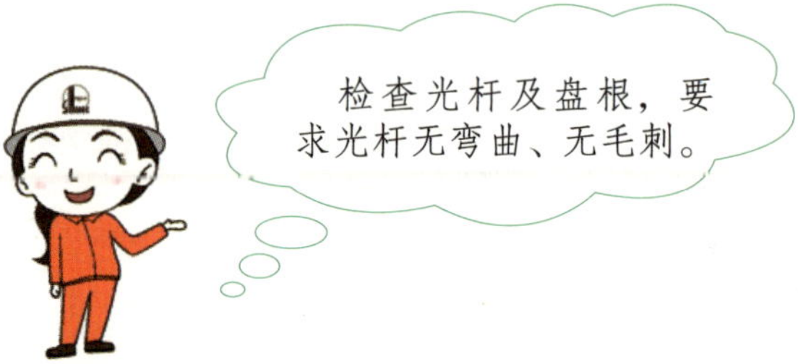

《游梁式抽油机井地面操作与维护规程》(Q/SH1020 1400—2012)中7.2.9

案例： 某采油厂采油管理区某井光杆变形。

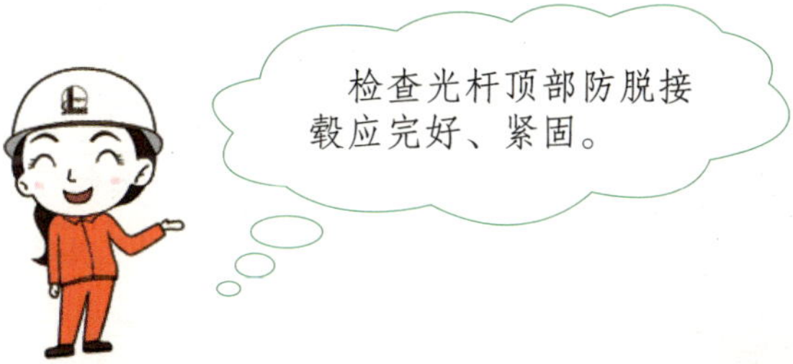

《游梁式抽油机井地面操作与维护规程》(Q/SH1020 1400—2012)中7.2.9

案例：某采油厂采油管理区井场，光杆顶部防脱接箍未紧固，存在人员伤害风险。

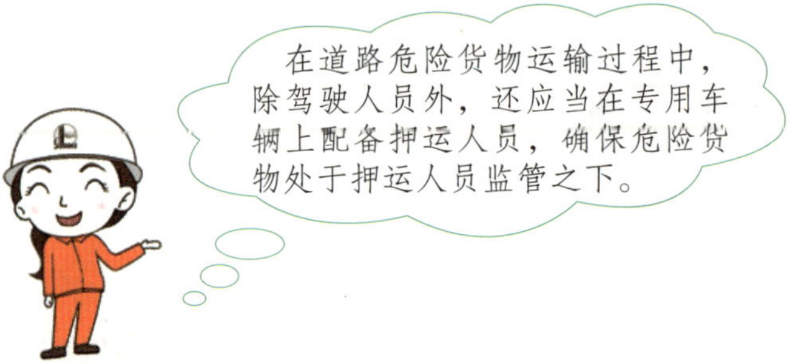

《汽车运输、装卸危险货物安全规程》(Q/SH1020 2064—2020)中8.1.1.4

案例： 某采油厂采油管理区拉油作业现场，承运商原油运输车未配备押运人员。

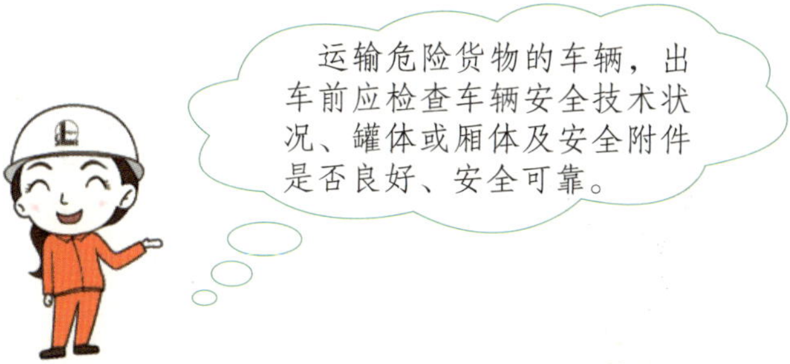

《汽车运输、装卸危险货物安全规程》(Q/SH1020 2064—2020)中8.1.1.3

案例： 某采油厂采油管理区单井拉油罐车卸油现场，承包商车辆的两侧大梁与罐体副梁连接螺栓松动、罐体底座斜撑有裂纹，易导致罐体位移，存在罐体脱落风险。

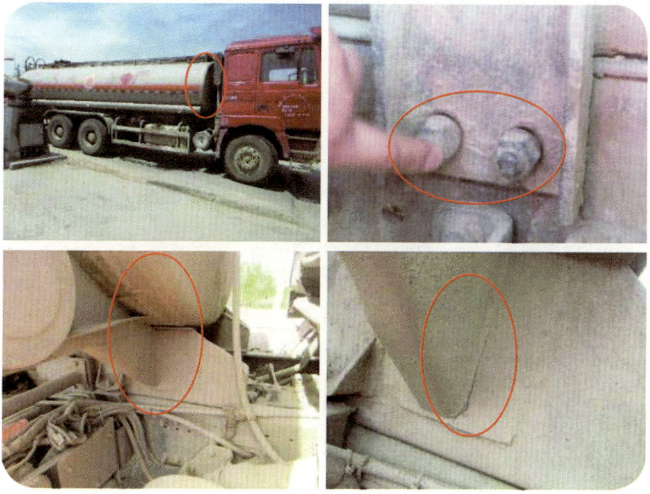

采用顶部装车作业时，鹤管应深入罐内，管口至罐底距离不应大于200mm，以防喷溅产生静电。

《汽车运输、装卸危险货物安全规程》(Q/SH1020 2064—2020)中9.2.1.7

案例：某采油厂采油管理区单井拉油现场，罐车顶部装油时，鹤管管口距离罐底1075mm。

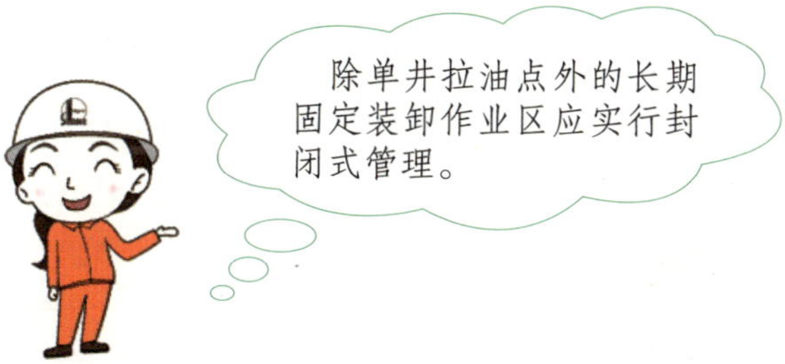

《汽车运输、装卸危险货物安全规程》(Q/SH1020 2064—2020)中7.4

案例： 某采油厂采油管理区装油区，装油作业未实行封闭管理，承运商罐车装油期间有多台车辆驶过。

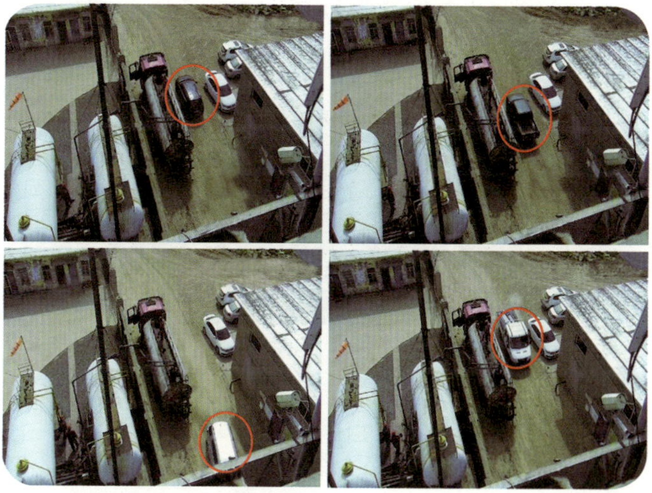

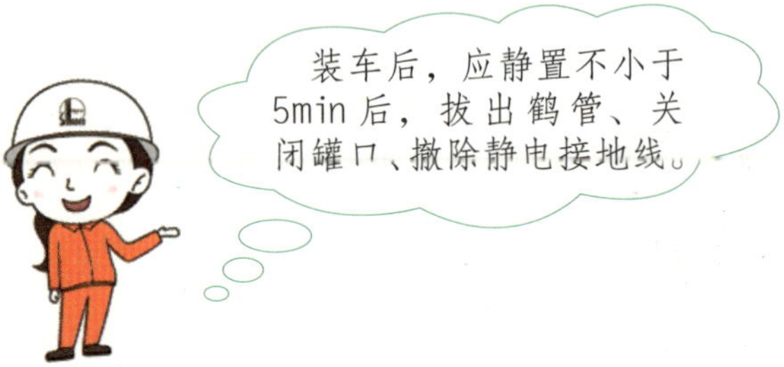

《汽车运输、装卸危险货物安全规程》(Q/SH1020 2064—2020)中9.2.1.11

案例： 某采油厂采油管理区拉油现场，拉油罐车在鹤管未拔出、罐口未关闭情况下提前撤除静电接地线。

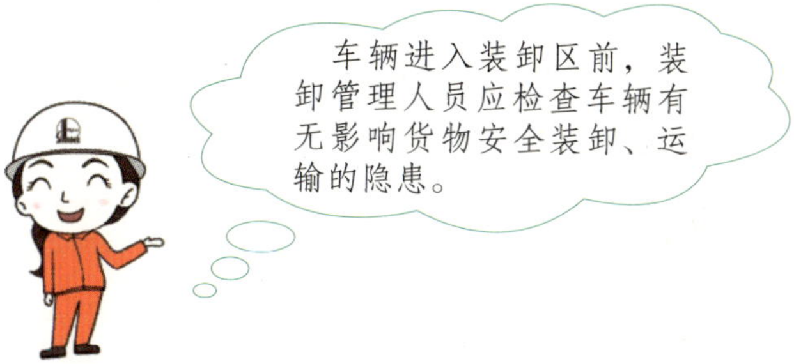

《汽车运输、装卸危险货物安全规程》(Q/SH1020 2064—2020) 中 8.1.2.6

案例： 某采油厂采油管理区集油站，承包商拉油车油箱变形、有裂痕，并有柴油渗漏现象。

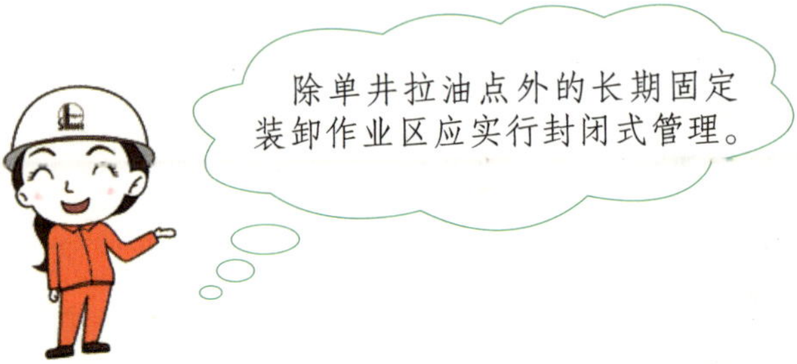

《汽车运输、装卸危险货物安全规程》(Q/SH1020 2064—2020)中7.4

案例： 某采油厂采油管理区集中拉油点，拉油点大门无法关闭，且围墙损坏，无法实现封闭式管理。

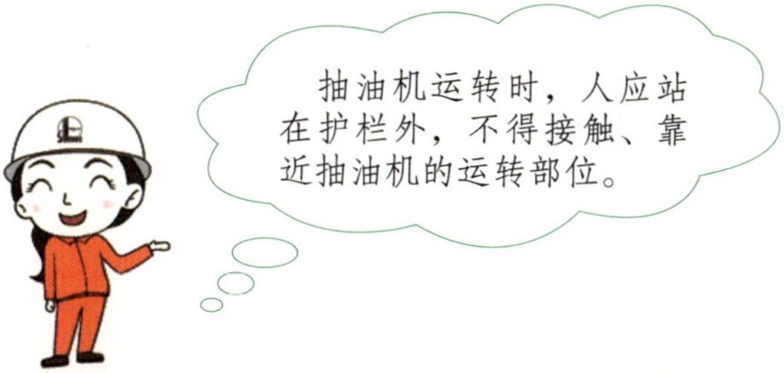

《抽油机维护和保养　第1部分：通用部分》(Q/SH1020 0217.1—2013)中3.4

案例： 某采油厂采油管理区更换抽油机曲柄销子现场，承包商施工人员在减速箱上有人的情况下启动抽油机调整曲柄位置。

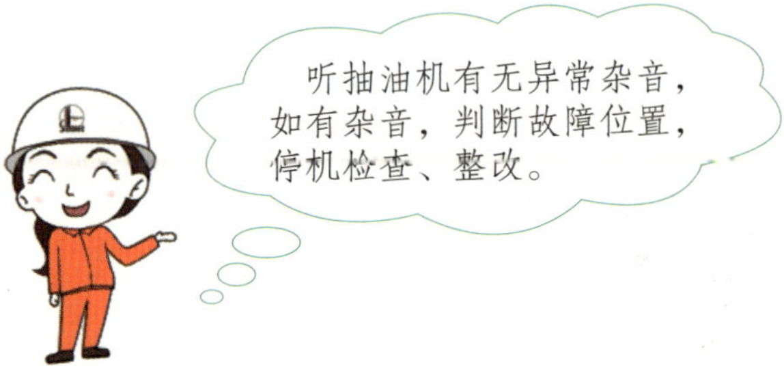

《抽油机维护和保养　第2部分：游梁式抽油机》（QSH1020 0217.2—2013）中4.3.4

案例：某采油厂采油管理区井场，抽油机中部基础下陷，造成抽油机底座开裂、有异响。

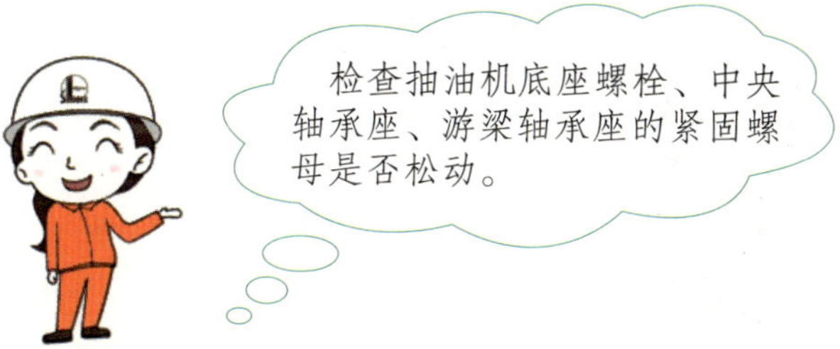

《抽油机维护和保养　第2部分：游梁式抽油机》（Q/SH1020 0217.2—2013）中4.3.2

案例：某采油厂采油管理区井场，抽油机游梁中轴卡瓦缺少一条固定螺栓。

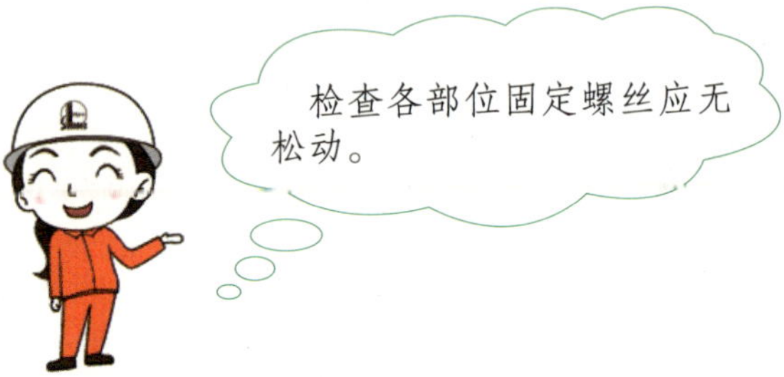

《抽油机维护和保养　第2部分：游梁式抽油机》（Q/SH1020 0217.2—2021）中4.1.7

案例： 某采油厂采油管理区井场，抽油机中轴承盖螺帽未上紧。

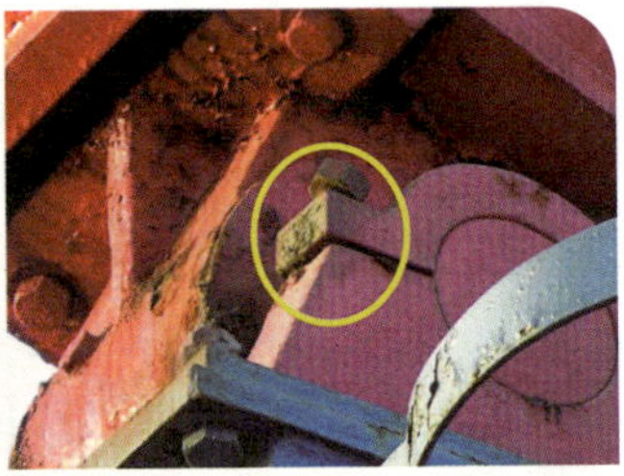

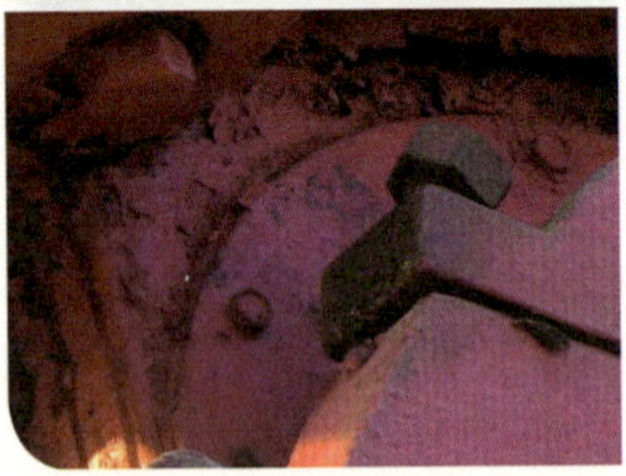

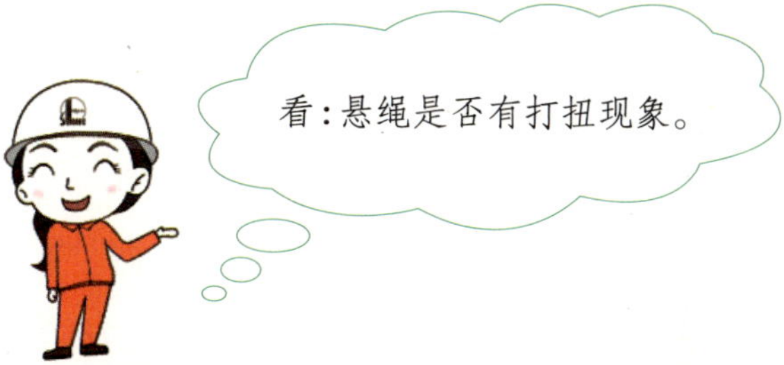

《抽油机维护和保养　第2部分：游梁式抽油机》（Q/SH1020 0217.2—2013）中3.3.2

案例： 某采油厂采油管理区井场，抽油机悬绳严重打扭，未及时发现并处置，存在抽油杆脱扣风险。

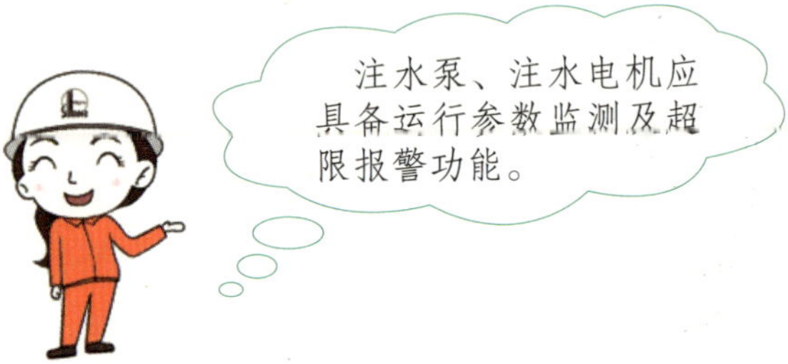

《石油天然气开发注水安全规范》（SY/T 7429—2018）中4.6.1

案例： 某采油厂采油管理区注水站，3台大流量对置式柱塞泵电机、泵轴承的温度和进口、出口压力参数监测及报警均损坏。

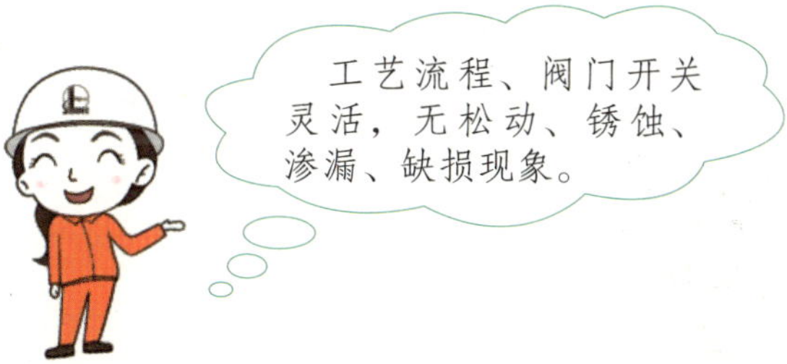

《石油天然气开发注水安全规范》(SY/T 7429—2018)中6.2.3

案例： 某采油厂采油管理区计量站，高压注水流程压力变送器法兰渗漏(压力为29.15MPa)。

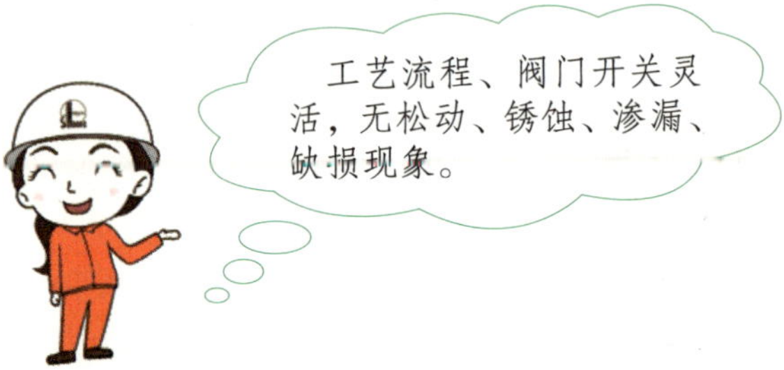

《石油天然气开发注水安全规范》（SY/T 7429—2018）中6.2.3

案例： 某采油厂采油管理区注水井，来水流程中一处焊缝出现渗漏，注水压力为20MPa。

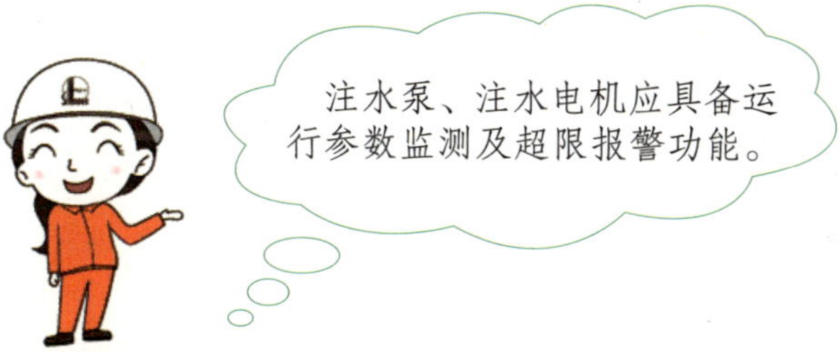

《石油天然气开发注水安全规范》(SY/T 7429—2018)中4.6.1

案例： 某采油厂采油管理区注水站，8号注水泵自投运以来，压力、温度等运行参数未连入自动监控系统，且现场仅安装泵出口压力表。

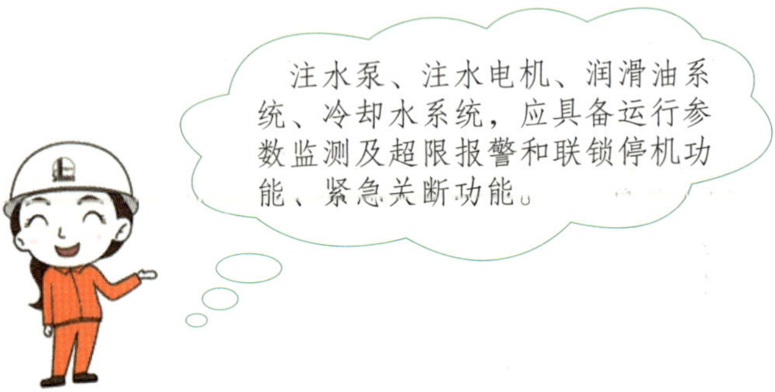

《石油天然气开发注水安全规范》（SY/T 7429—2018）中4.6.1

案例： 某采油厂采油管理区注水站，注水泵PLC控制系统运行参数显示紊乱，超限报警和联锁停机功能失效。

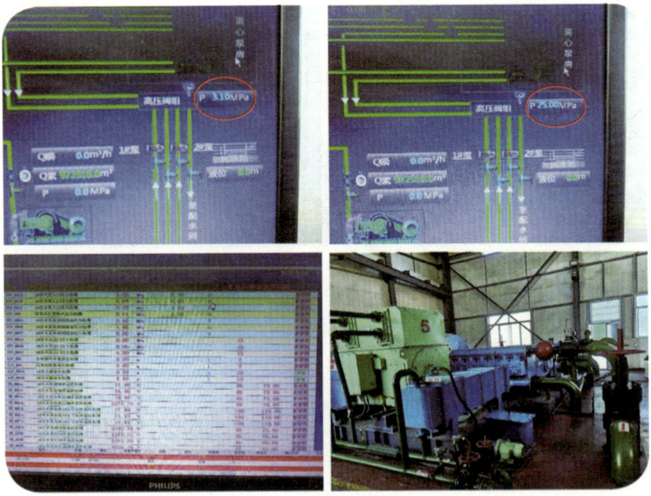

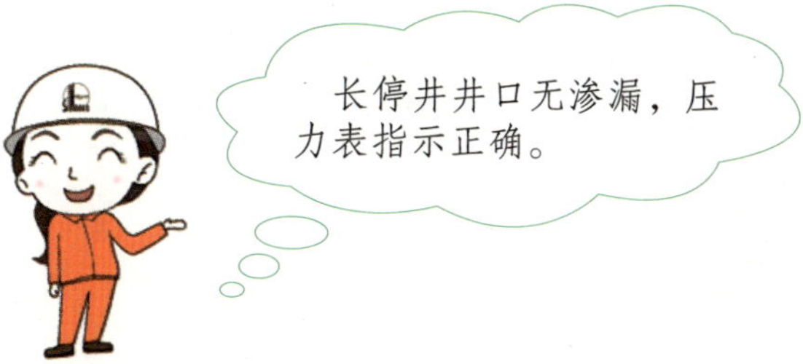

《石油天然气开发注水安全规范》(SY/T 7429—2018)中6.2.10

案例： 某采油厂采油管理区长停井，井口无压力表且大法兰已经渗漏，存在井控风险。

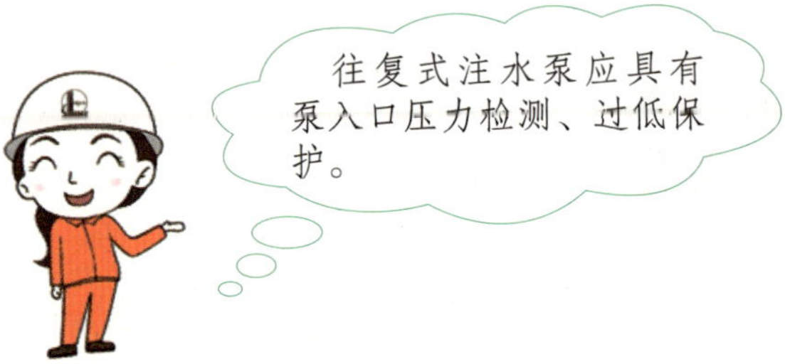

《油田注水工程设计规范》(GB 50391—2014)中 4.2.8

案例： 某采油厂采油管理区注水站，1号柱塞泵进口压力变送器送检，临时使用机械表代替，泵入口低压联锁保护失效。

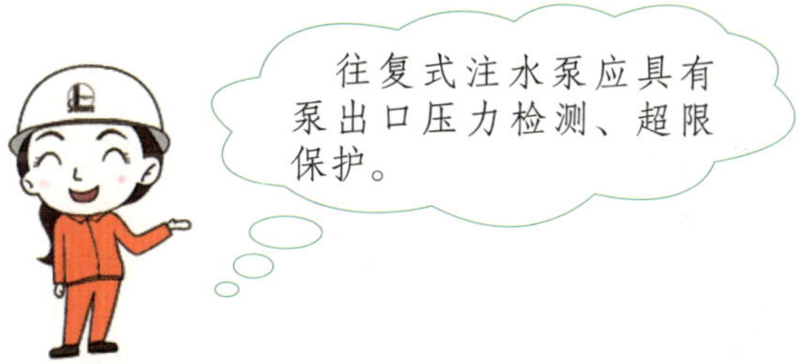

《油田注水工程设计规范》（GB 50391—2014）中 4.2.8

案例： 某采油厂采油管理区注水站，2号注水泵出口压力变送器一次表（显示为16.22MPa）及终端（显示为40MPa）失灵，实际压力为20.36MPa，检测、保护功能失效。

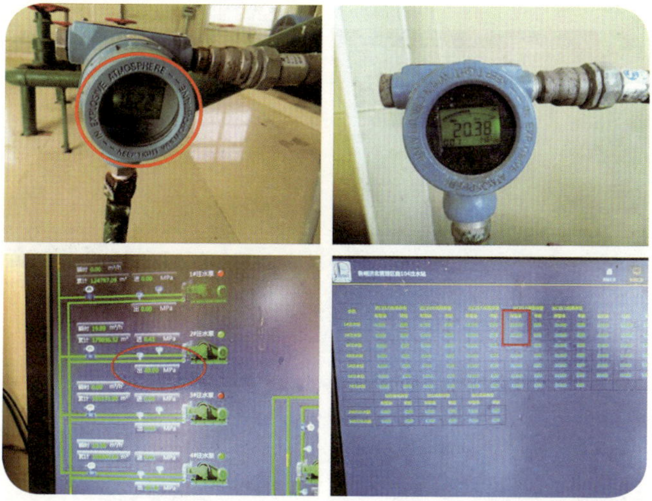

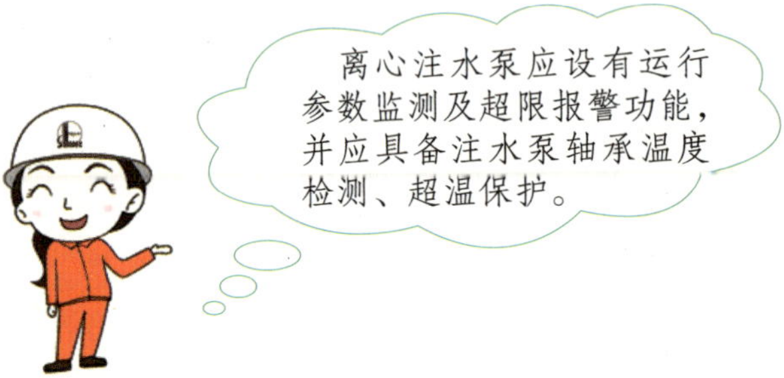

《油田注水工程设计规范》（GB 50391—2014）中 4.2.7

案例： 某采油厂采油管理区注水站，4台离心注水泵前后轴承温度PLC监控数值比实际数值均低10℃左右，存在保护失效、设备损坏风险。

离心注水泵、注水电机、润滑油系统、冷却水系统，应设有运行参数监测及超限报警和连锁停机功能，并应具有下列保护功能：注水泵单机组润滑油供给压力检测、过低保护。

《油田注水工程设计规范》（GB 50391—2014）中 4.2.7

案例： 某采油厂采油管理区注水站，4号离心注水泵润滑油压力报警参数未设置，停机连锁未投用。

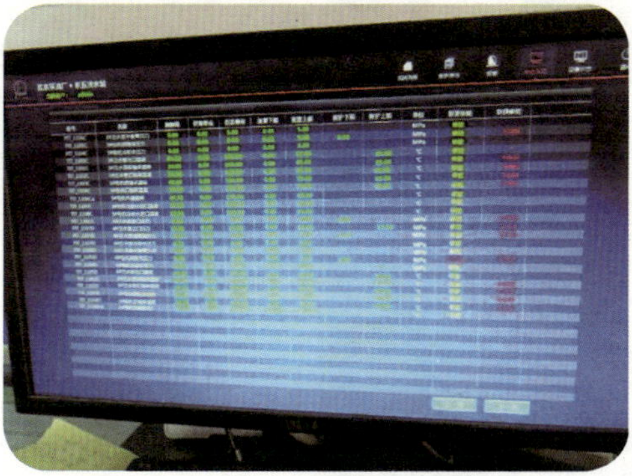

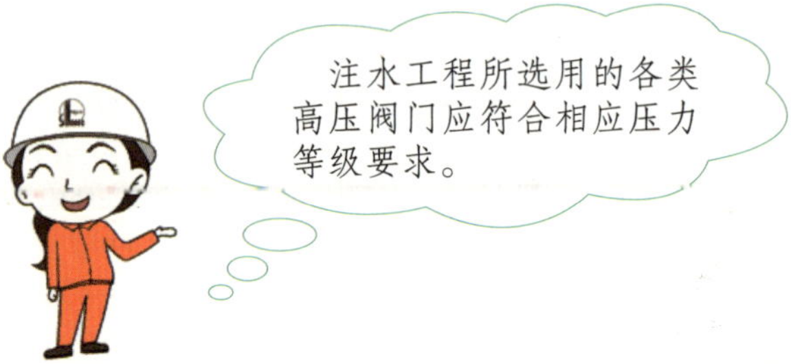

《油田注水工程设计规范》（GB 50391—2014）中3.0.14

案例： 某采油厂采油管理区，掺水泵出口流程使用公称压力为1.6MPa的闸门，安全阀整定压力为3MPa，运行时正常掺水压力为2.0MPa，安全阀整定压力大于被保护系统内最低的设计压力。

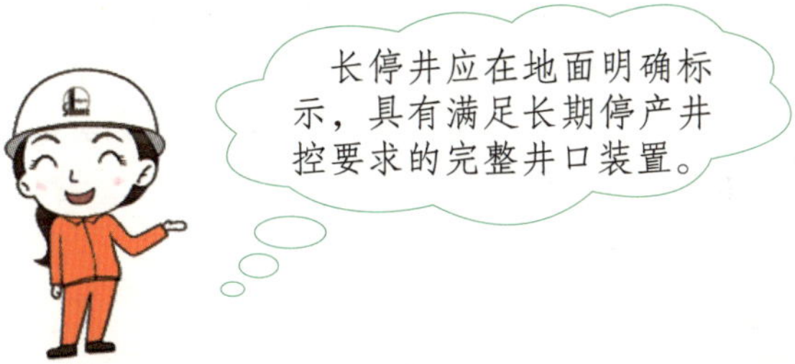

《胜利油田分公司井控管理实施细则》（胜油公司发〔2016〕39号）中7.2.1

案例： 某采油厂采油管理区某井为空井筒状态，井口丝堵渗漏，不符合长停井井控管理要求，存在井控风险。

长停井应在地面明确标示，具有满足长期停产井控要求的完整井口装置。

《胜利油田分公司井控管理实施细则》（胜油公司发〔2016〕39号）中7.2.1

案例： 某采油厂采油管理区长停井生产阀门缺失，存在井控风险。

采油井每日每班检查井口装置附件设施是否齐全、生产压力情况，各法兰连接处密封性，井口密封装置密封状况等。

《胜利油田分公司井控管理实施细则》（胜油公司发〔2016〕39号）中6.2.3.12

案例： 某采油厂采油管理区射孔后等压裂期间，管理区巡检人员未及时发现井口套管闸门处于开启状态。

每日进行巡回检查，检查井口闸门是否灵活好用，配件是否齐全，油压及套压情况，井口流程及法兰是否有腐蚀渗漏现象，如发现异常2日内必须整改。

《胜利油田分公司井控管理实施细则》（胜油公司发〔2016〕39号）中6.4.3.1

案例： 某采油厂采油管理区注水井，压力为23MPa，井口一顶丝渗漏，存在顶丝刺出风险。

《石油天然气工程设计防火规范》(GB 50183—2004)中5.2.3

案例：某采油厂采油管理区注汽现场，湿蒸汽发生器与注汽井口安全间距不足10m。

有油气散发的生产设备，为便于扩散油气不使聚集成灾，故应为敞开式的建筑形式，若必须采用封闭式厂房则应按现行国家标准建筑设计防火规范的规定，设置强制通风和必保的泄压面积及措施保证防火防爆的安全。

《石油天然气工程设计防火规范》(GB 50183—2004)中6.9.2

案例：某采油厂采油管理区计量站，计量房无强制通风设施。

容积≤500m^3的油罐与值班房的间距大于15m。

《石油天然气工程设计防火规范》(GB 50183—2004)中5.2.3

案例：某采油厂采油管理区平台井场，多功能罐安全阀长期处于起跳泄放状态，距离作业板房仅12.3m，存在火灾风险。

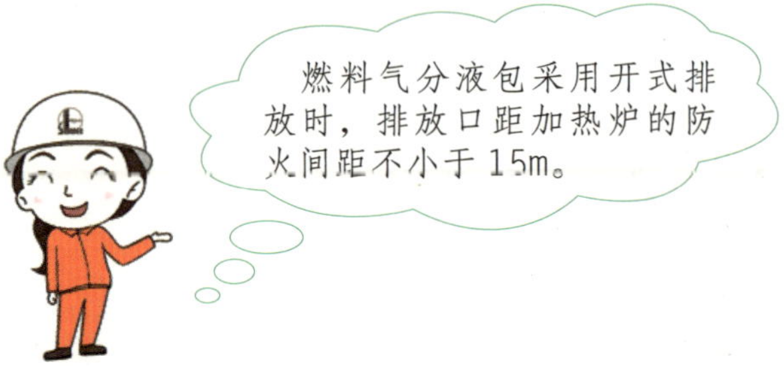

《石油天然气工程设计防火规范》(GB 50183—2004)中5.2.6

案例： 某采油厂采油管理区注采站，加热炉与燃料气分液包之间的防火间距为5.1m，低于15m的标准要求。

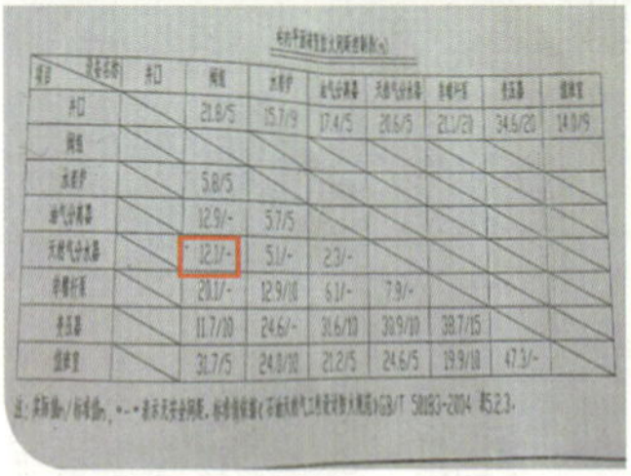

[illegible]	井口	[illegible]	[illegible]	[illegible]	[illegible]	[illegible]	[illegible]	[illegible]
井口		21.8/5	15.7/9	17.4/5	20.6/5	21.1/23	34.5/20	14.0/9
[illegible]								
[illegible]		5.8/5						
[illegible]		12.9/-	5.7/5					
[illegible]		12.3/-	5.1/-	2.3/-				
[illegible]		20.1/-	12.9/10	6.1/-	7.9/-			
[illegible]		11.7/10	24.6/-	31.6/10	38.9/10	38.7/15		
[illegible]		31.7/5	24.0/10	21.2/5	24.6/5	19.9/10	47.3/-	

注：[illegible] GB/T 50183-2004 [illegible]5.2.3.

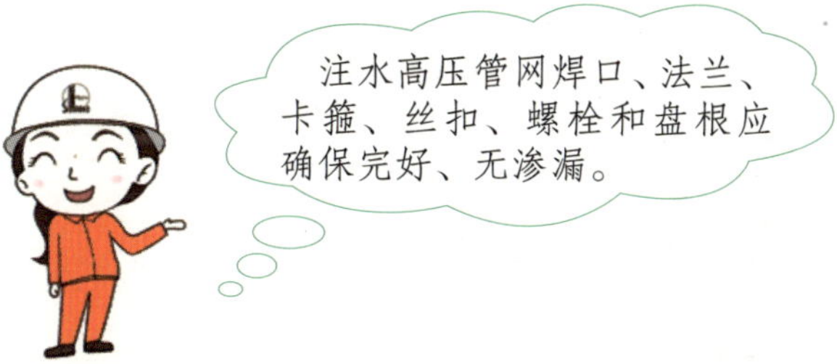

《油田注水站安全技术规程》(Q/SH 0527—2013)中3.2.1

案例： 某采油厂采油管理区配水间，注水管线压力变送器接头渗漏，注水压力为27.59MPa，存在高压刺漏风险。

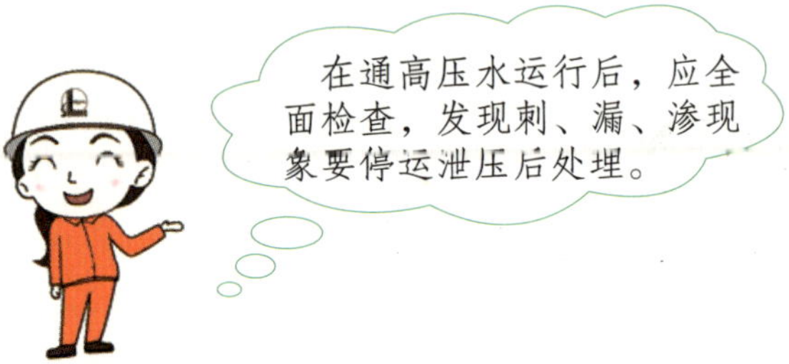

《油田注水站安全技术规程》(Q/SH 0527—2013)中4.4

案例： 某采油厂管理区注采站，配水间一条注水管线出口闸门渗漏(注水压力11MPa)。

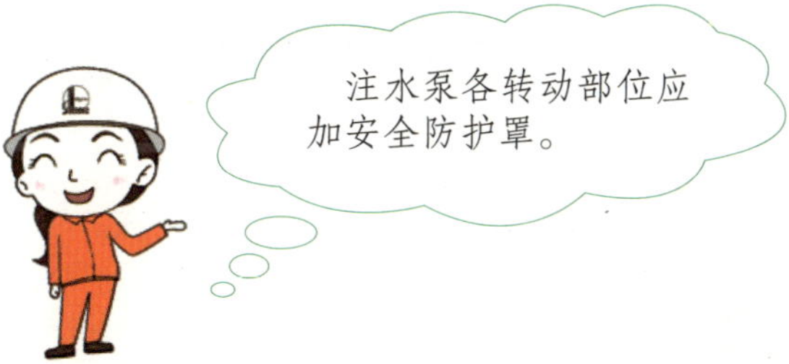

《油田注水站安全技术规程》(Q/SH 0527—2013)中7.2

案例：某采油厂采油管理区注水站，2号注水泵皮带防护罩部分缺损，存在机械伤害风险。

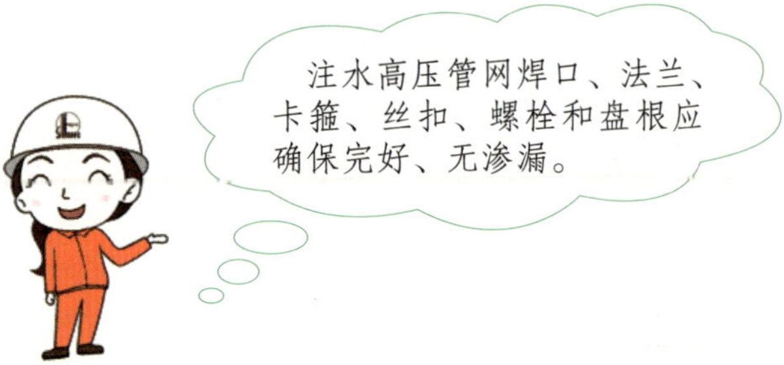

《油田注水站安全技术规程》(Q/SH 0527—2013)中 3.2.1

案例： 某采油厂采油管理区计量站配水间，注水干线取样器下部的高压闸门渗漏(注水干压17.4MPa)。

安全阀的进出口管道一般不允许设置截断阀，必须设置截断阀时，需要加铅封，并且保证锁定在全开状态。

《安全阀安全技术监察规程》(TSG ZF001—2006) 中 B4.2

案例： 某采油厂采油管理区集油站，高效油气分离器安全阀进口阀门未全开。

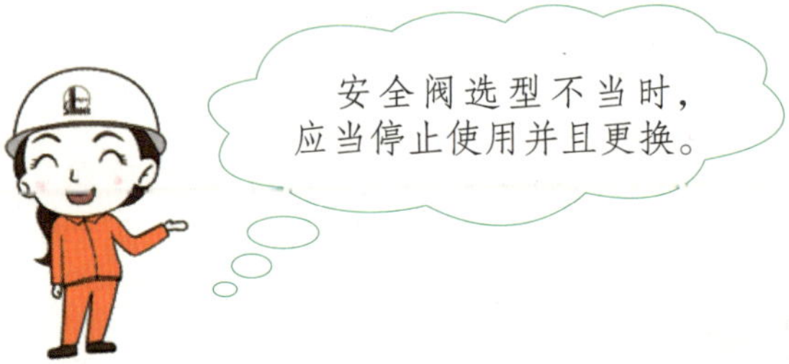

《安全阀安全技术监察规程》(TSG ZF001—2006)中B6.2.4

案例： 某采油厂采气管理区井场，天然气分离器设计压力为2.5MPa，安装使用的安全阀压力等级为1.6MPa，压力容器安全阀选用不匹配。

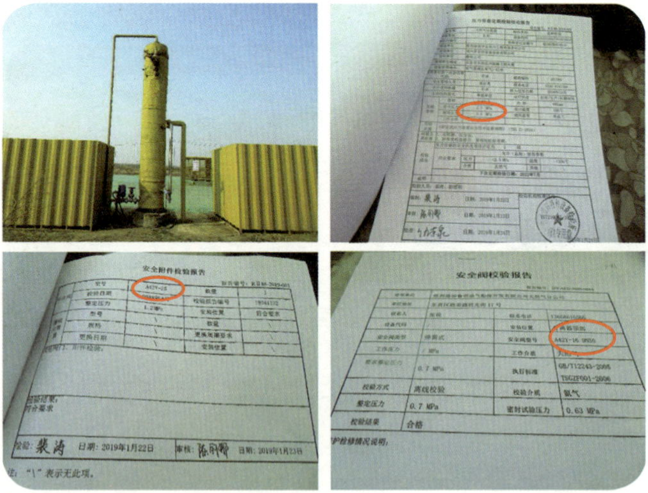

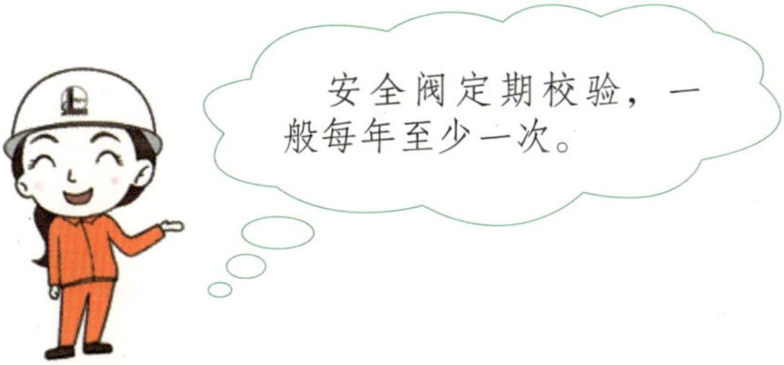

《安全阀安全技术监察规程》（TSG ZF001—2006）中B6.3.1

案例： 某采油厂采油管理区泡沫调剖施工现场，承包商注氮调剖项目部使用的调剖计量泵出口安全阀未校验。

电加热器应能对加热温度进行控制，当被加热介质温度达到预设的温度时，电加热器应能自动停止运行。

《采油电加热装置使用规范》(Q/SH1020 1915—2020) 中3.3.4

案例： 某采油厂采油管理区井场，高架罐电加热器超温保护装置损坏，存在持续加热导致火灾风险。

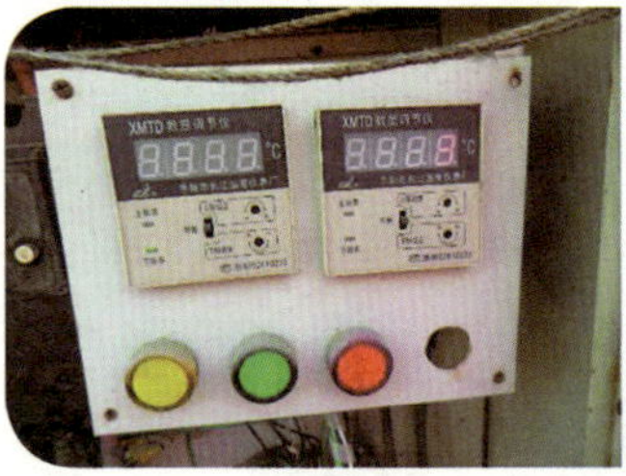

电加热器的控制系统应设置温度保护措施，当加热温度达到设定的温度上极限时，应立即自动停止加热。

《采油电加热装置使用规范》(Q/SH1020 1915—2020) 中 3.4.8

案例：某采油厂采油管理区井场，三台高架油罐的电加热保护参数值设置错误，超高温停止加热值设定为150℃(储罐设计温度 120℃)、液位低限设定值为 0，温度和液位保护失效，存在火灾风险。

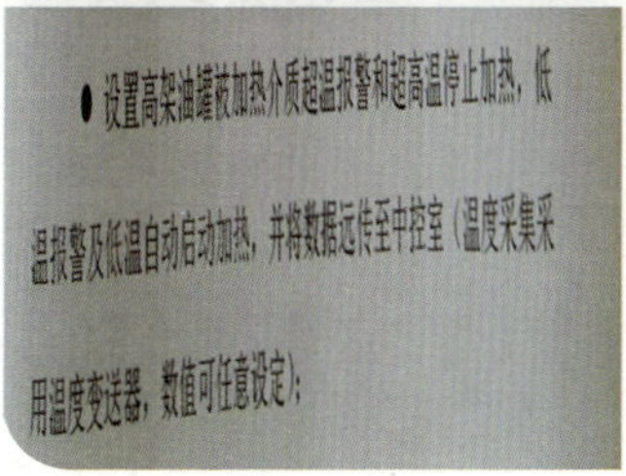
● 设置高架油罐被加热介质超温报警和超高温停止加热，低温报警及低温自动启动加热，并将数据远传至中控室（温度采集采用温度变送器，数值可任意设定）；

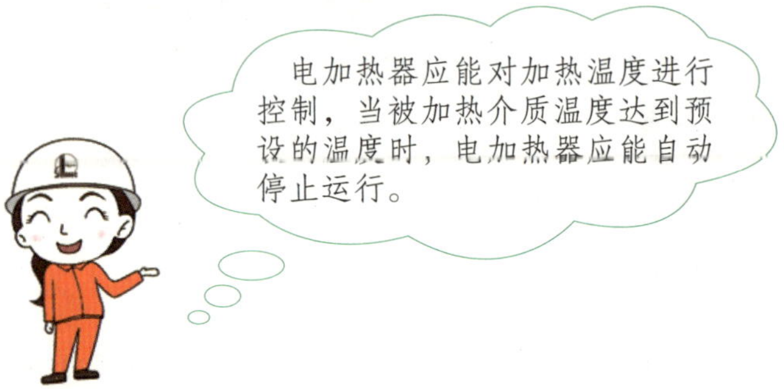

《采油电加热装置使用规范》（Q/SH1020 1915—2020）中3.3.4

案例： 某采油厂采油管理区多功能罐，电加热器测温用热电偶插入保温层，无法准确测量介质温度。

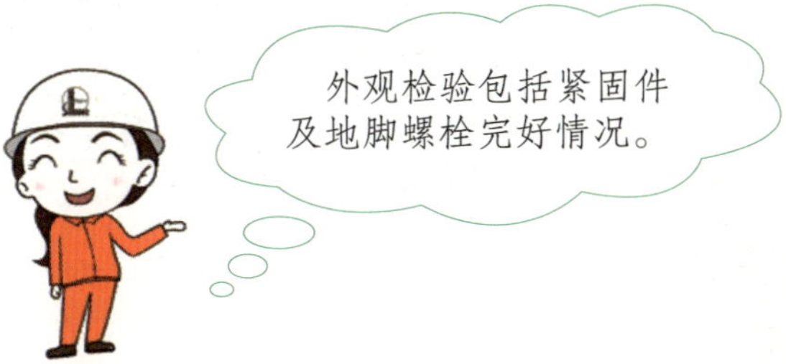

《固定式压力容器安全技术监察规程》(TSG 21—2016)中8.3.2

案例：某采油厂采油管理区注采站，气液分离器未使用地脚螺栓固定，存在倾倒风险。

使用单位应当按照规定在压力容器投入使用前或者投入使用后30日内，向所在地负责特种设备使用登记的部门申请办理《特种设备使用登记证》。

《固定式压力容器安全技术监察规程》(TSG 21—2016)中7.1.2

案例：某采油厂采油管理区井场，多功能罐的分气包未办理《特种设备使用登记证》。

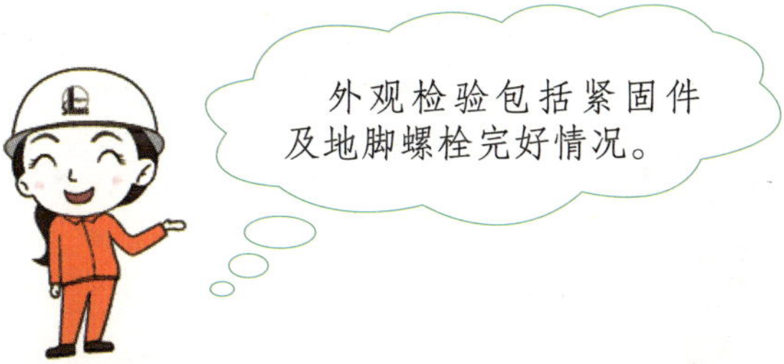

《固定式压力容器安全技术监察规程》(TSG 21—2016)中8.3.2

案例： 某采油厂采油管理区井组，井场立式分离器未使用地脚螺栓固定。

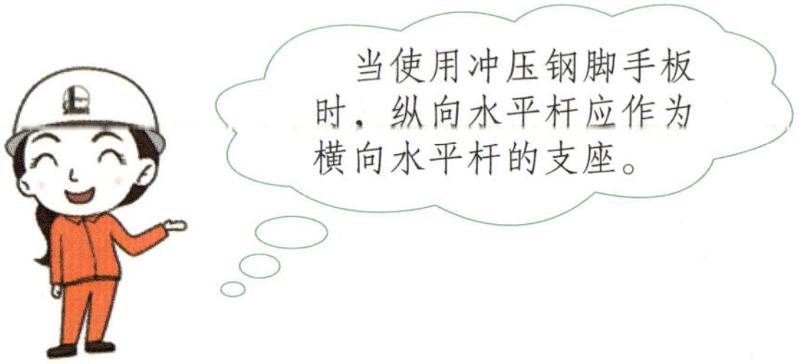

《建筑施工扣件式钢管脚手架安全技术规范》(JGJ130—2011)中6.2.1

案例： 某采油厂采油管理区海上平台栈桥维修工程，承包商搭设的脚手架作业层横向水平杆设在纵向水平杆下方。

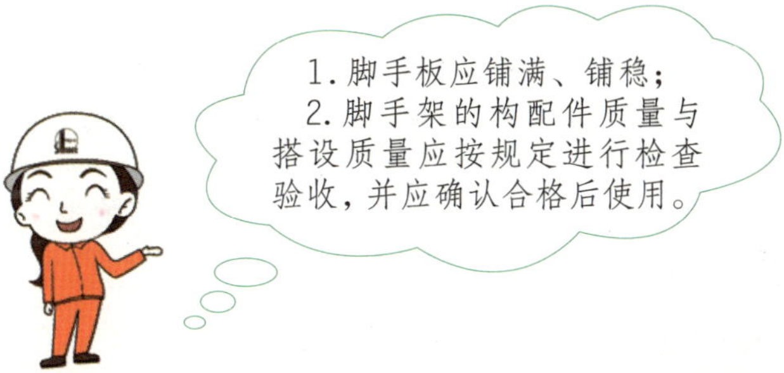

1.《建筑施工扣件式钢管脚手架安全技术规范》(JGJ130—2011)中7.3.13

2.《建筑施工扣件式钢管脚手架安全技术规范》(JGJ130—2011)中9.0.3

案例： 某采油厂采油管理区注采站配水间外墙抹灰施工现场，承包商使用的脚手架作业层脚手板未满铺、未固定、未设置人员上下通道且未验收即投入使用；施工人员高处临边作业未系挂安全带。

1.水平杆长度小于等于6.5m时，钢管最大弯曲不得超过30mm；

2.未经验收或验收不合格的脚手架不得使用。

1.《建筑施工扣件式钢管脚手架安全技术规范》（JGJ130—2011）中8.1.2

2.《石油化工工程钢脚手架搭设安全技术规范》（SH/T 3555—2014）中8.5.4

案例： 某采油厂采油管理区产能建设工程，承包商搭设的脚手架纵向水平杆变形严重，未验收即投入使用。

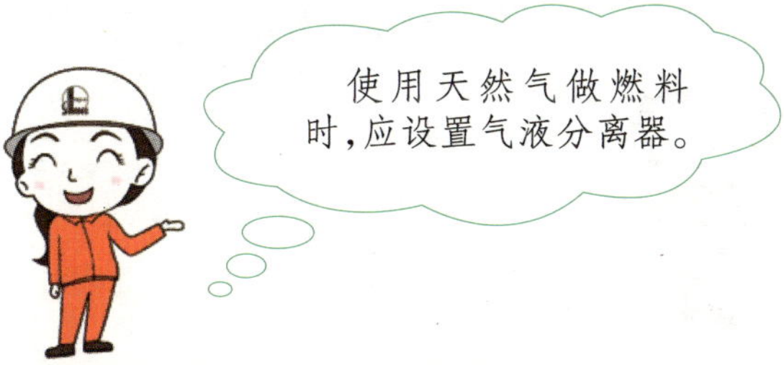

《陆上油气田油气集输安全规程》（SY 6320—2016）中 4.1.7

案例： 某采油厂采油管理区计量岗，加热炉燃气未设置气液分离器，存在加热炉熄火风险。

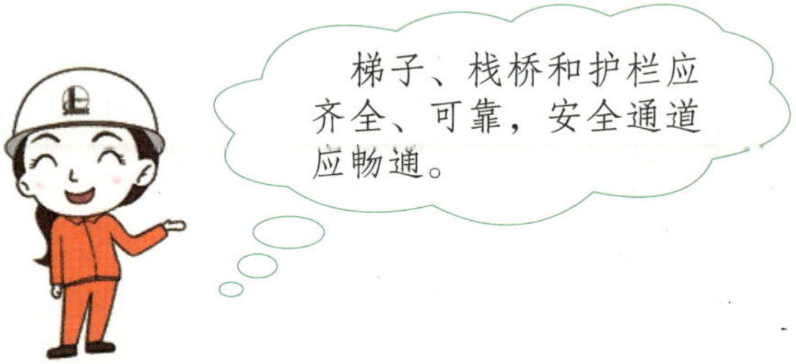

《陆上油气田油气集输安全规程》（SY 6320—2016）中3.3.5

案例： 某采油厂采油管理区配气站，分离器检修平台防护栏存在多个缺口。

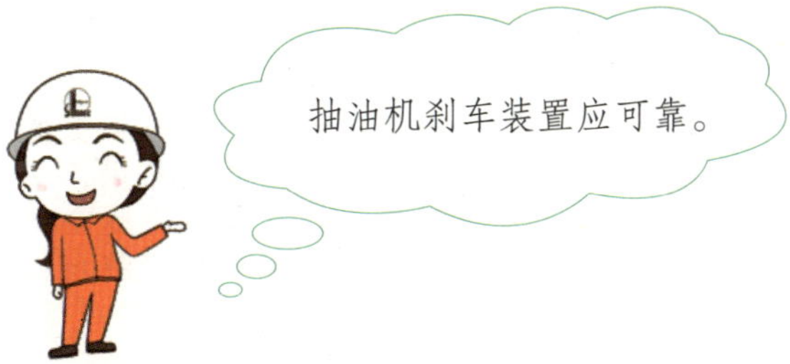

《陆上油气田油气集输安全规程》(SY 6320—2016)中 4.1.5

案例： 某采油厂采油管理区抽油机刹车存在刹车片磨损严重等问题，导致刹车不牢、作业施工期间抽油机驴头发生位移，影响作业施工。

汽车起重机就位时，应将支撑起重机支腿的地面垫实垫平，将支腿垫板垫好，尽量将支腿全部伸出，支平汽车起重机，防止作业中地基沉陷、支承不稳。

《汽车起重机起重作业安全规程》（Q/SH1020 2066—2010）中 7.2.5.2

案例：某采油厂采油管理区更换混输泵电机联轴器施工现场，承包商的起重作业吊车支腿未使用垫板，且一侧支腿下陷。

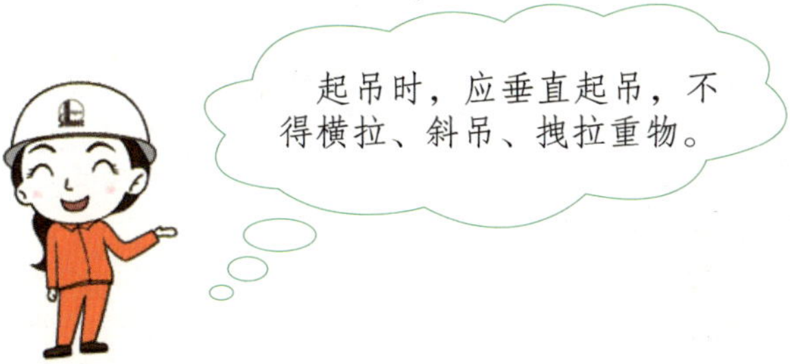

《汽车起重机起重作业安全规程》（Q/SH1020 2066—2010）中7.4.5

案例：某采油厂采油管理区抽油机调平衡施工现场，吊装平衡块作业吊车横拉斜吊，且操作人员站位于吊臂旋转半径内，存在起重伤害风险。

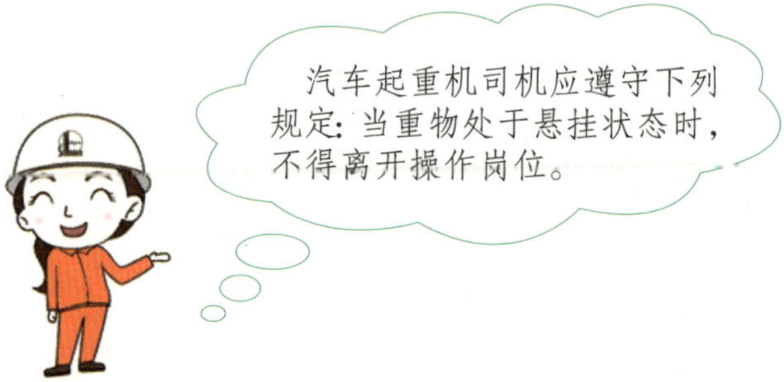

《汽车起重机起重作业安全规程》（Q/SH1020 2066—2010）中6.3.6

案例： 某采油厂采油管理区双驴头抽油机更换毛辫子施工现场，吊车司机在吊物状态下离开操作室。

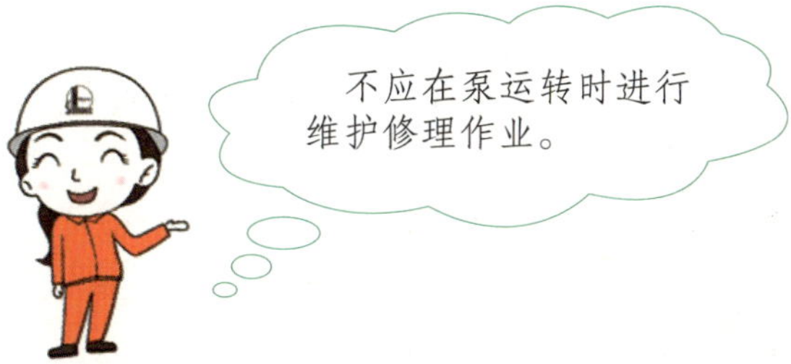

《注水泵操作与保养规程》(Q/SH0383—2010)中10.6

案例： 某采油厂采油管理区注水站，承包商的维修人员在3号注水泵运转时紧固密封函压盖，存在机械伤害风险。

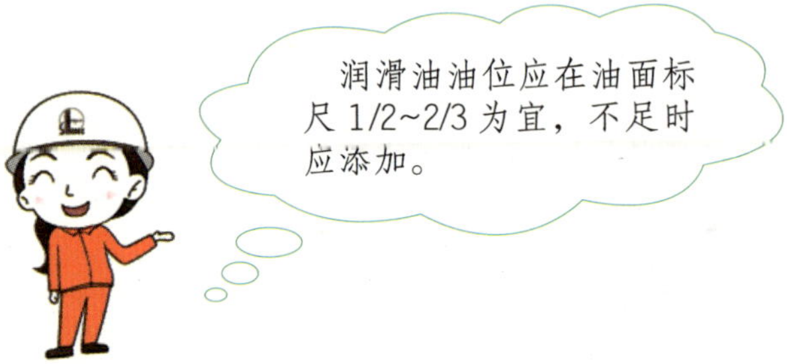

《注水泵操作与保养规程》(Q/SH0383—2010)中 4.2.2

案例： 某采油厂采油管理区注水泵房，2号注水泵润滑油油位低。

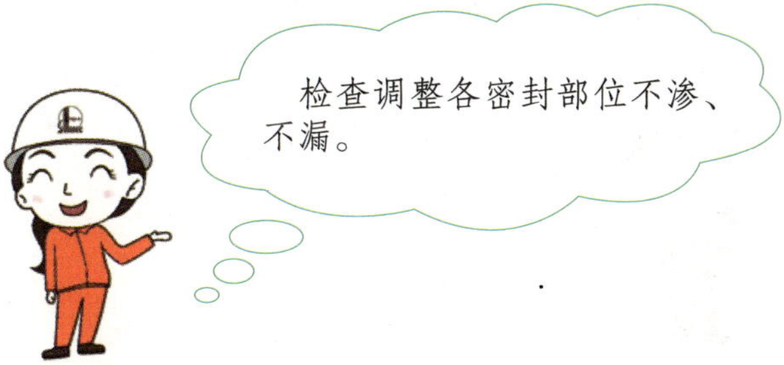

《注水泵操作与保养规程》(Q/SH1020 0124—2020)中5.1.4

案例：某采油厂采油管理区注水站，2号注水泵柱塞盘根刺漏，存在刺漏伤人风险。

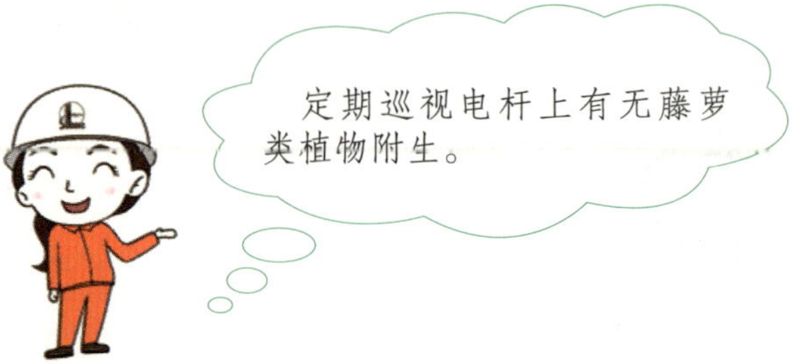

《输配电线路现场运行规程》(Q/SH1020 1180—2012)中3.3.1

案例： 某采油厂采油管理区井场，变压器周围杂草未及时清理，藤萝类植物已爬至电杆横担。

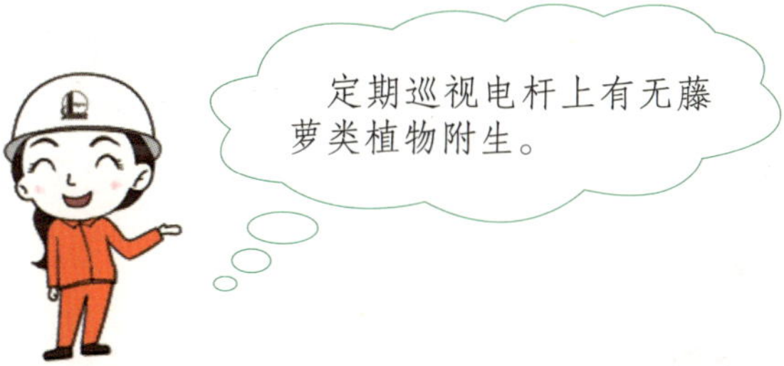

《输配电线路现场运行规程》（Q/SH1020 1180—2012）中3.3.1

案例：某采油厂采油管理区计量站，高压线杆、变压器被藤萝类植物缠绕。

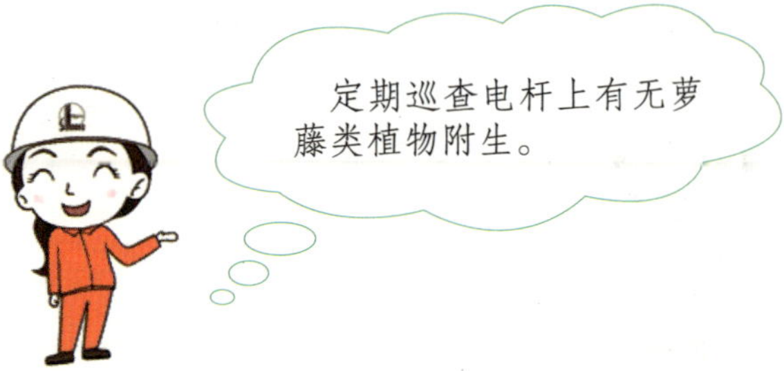

《输配电线路现场运行规程》(Q/SH1020 1180—2012)中3.3.1

案例： 某采油厂采油管理区井场，变压器周围萝藤类植物未及时清理，已爬至变压器横担。

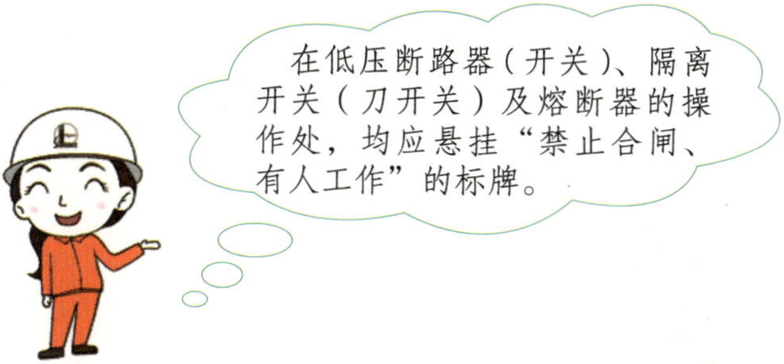

《油田企业电力安全工作规程》（Q/SH 0523.3—2015）中6.6.1

案例： 某采油厂采油管理区更换油井电控柜施工现场，工作人员将“禁止合闸”警示牌错误悬挂在已断电的控制柜处，未悬挂在变压器后总开关箱。

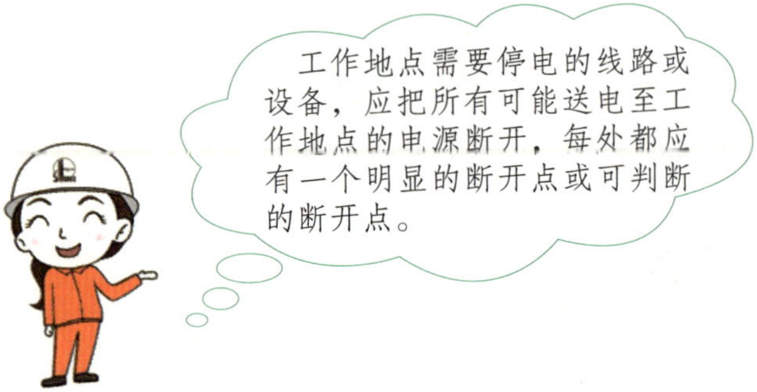

《油田企业电力安全工作规程　第3部分：低压电气》（Q/SH 0523.3—2015）中6.2.1

案例： 某采油厂采油管理区注水泵检修现场，施工期间上级电源未断开，存在机械伤害风险。

1. 工作负责人、专责监护人应始终在工作现场，对工作班成员进行监护，专责监护人不应兼做其他工作；

2. 在配电变压器台架上的低压配电装置上工作，不论线路是否停电，应先拉开低压断路器（开关），后拉开高压侧断路器或跌落式熔断器，在停电的高、低压引线上验电、装设接地线。

1.《油田企业电力安全工作规程　第3部分：低压电气》（Q/SH 0523.3—2015）中5.5.2

2.《油田企业电力安全工作规程　第3部分：低压电气》（Q/SH 0523.3—2015）中14.2.1

案例： 某采油厂采油管理区井场，施工人员在配电变压器台架上工作期间无人监护，高、低压引线未接地线。

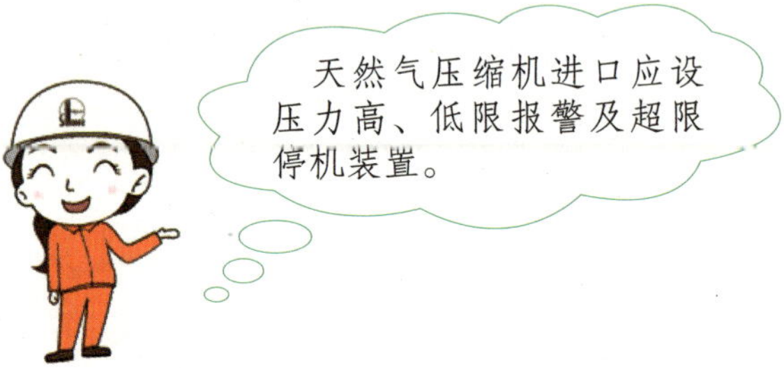

《油田油气集输设计规范》(GB 50350—2015)中 4.4.10

案例： 某采油厂采油管理区注水站，天然气压缩机进口未设置压力高、低限报警及超限停机装置。

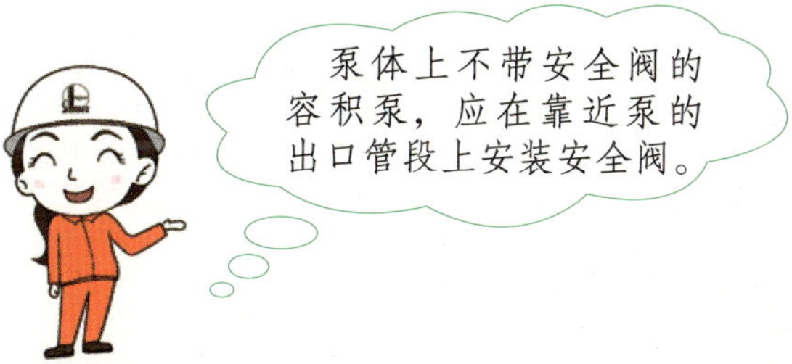

《油田油气集输设计规范》(GB 50350—2015)中 4.3.11

案例： 某采油厂采油管理区井场，2号螺杆输油泵出口安全阀安装在进口管段上，安装位置错误。

1. Ⅱ类设备用于除煤矿瓦斯气体环境之外的其他爆炸性气体环境；

2. Ⅲ类设备用于除煤矿之外的爆炸性粉尘环境。

1.《爆炸性环境　第1部分：设备　通用要求》(GB/T 3836.1—2021)中4.3

2.《爆炸性环境　第1部分：设备　通用要求》(GB/T 3836.1—2021)中4.4

案例： 某采油厂采油管理区注聚站，干粉库房内控制箱、照明开关等防爆电器选用Ⅱ类设备，不适用于爆炸性粉尘环境。

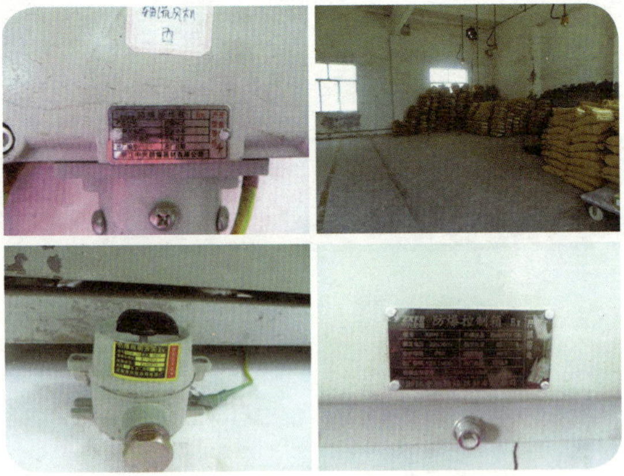

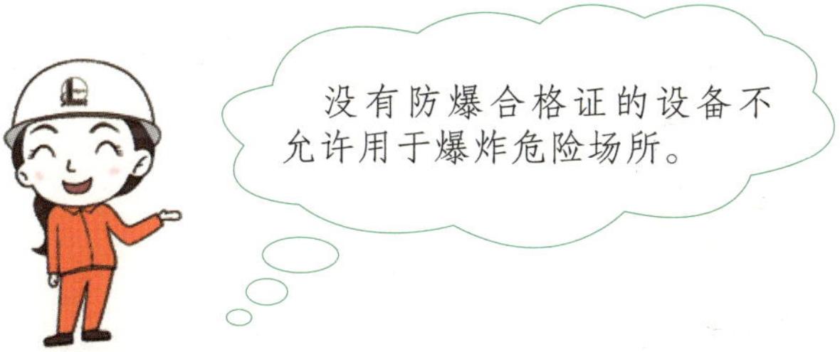

《爆炸性环境　第15部分：电气装置的设计、选型和安装》(GB/T3836.15—2017)中4.3.2

案例： 某采油厂采油管理区井场，在用的液面测试仪泄压孔处套管气泄漏，且测试仪铭牌无防爆合格证编号。

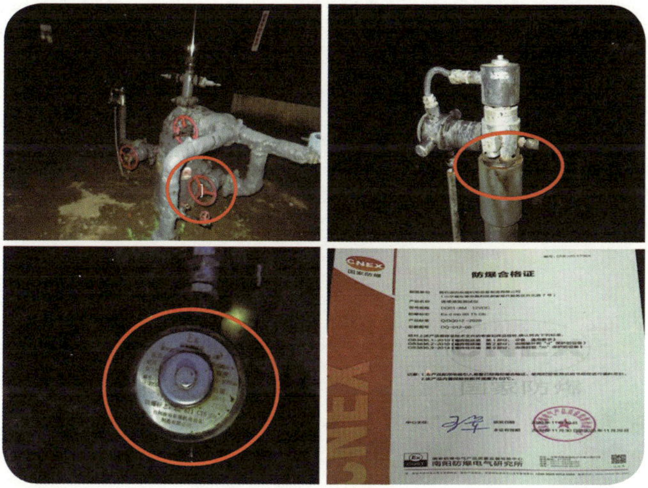

高架储油罐距离井口不小于15m。

《采油井场标准化设计规范　第1部分：总图、油气集输》（Q/SH1020 2455.1—2016）中4.2.5.2

案例： 某采油厂采油管理区（自喷井）现场，放喷池放置在井口。

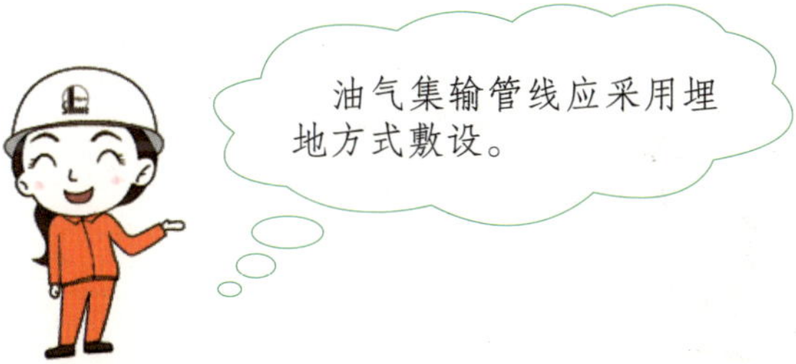

《采油井场标准化设计规范　第1部分：总图、油气集输》（Q/SH1020 2455.1—2016）中5.9.1.2

案例： 某采油厂采油管理区井场，单井气管线未埋地敷设，存在管线碾压破损风险。

配电线路的敷设应避免有植物对布线系统带来的损害。

《低压配电设计规范》(GB 50054—2011)中7.1.1.7

案例：某采油厂采油管理区机关院内，多个配电箱未上锁，配电箱内有杂草。

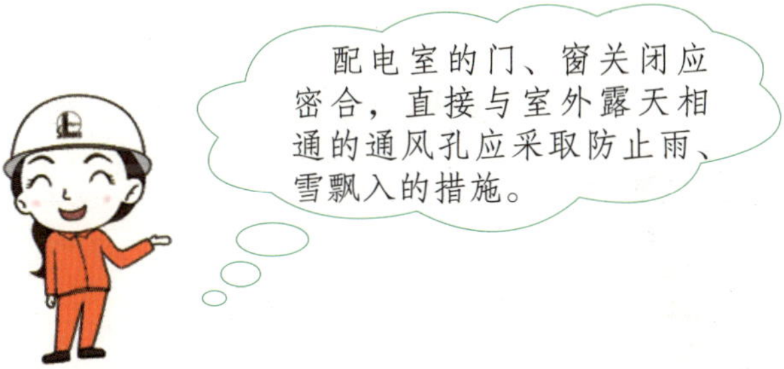

《低压配电设计规范》（GB 50054—2011）中4.3.7

案例： 某采油厂采油管理区配水间，柱塞泵配电柜的房顶固定不牢。

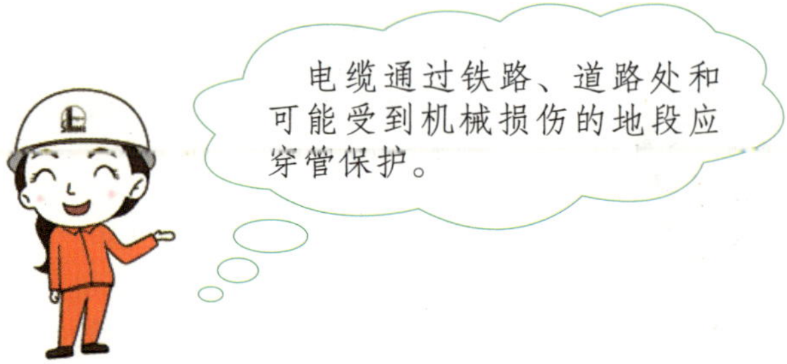

《低压配电设计规范》(GB 50054—2011)中7.6.38

案例：某采油厂采油管理区井场，油井动力电缆沿地敷设被车辆碾压，存在电缆绝缘层损坏漏电风险。

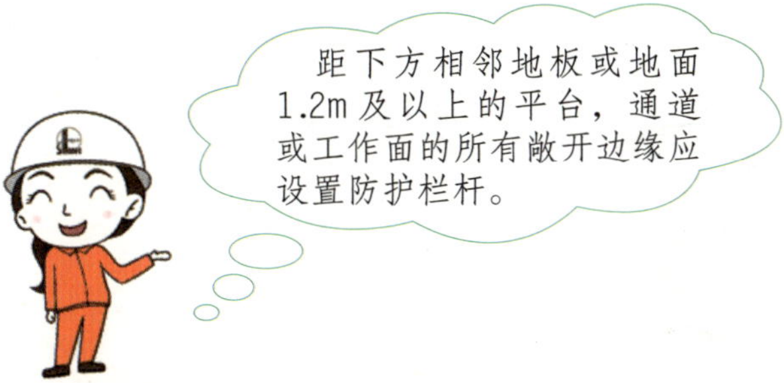

《固定式钢梯及平台安全要求　第3部分：工业防护栏杆及钢平台》（GB 4053.3—2009）中4.1.1

案例：某采油厂采油管理区微生物驱注入现场，承包商搅拌罐的罐顶操作面敞口未防护，边缘未设置护栏。

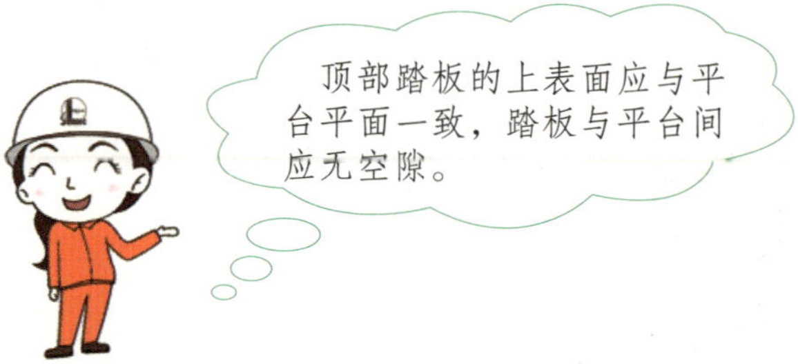

《固定式钢梯及平台安全要求　第2部分：钢斜梯》(GB 4053.2—2009)中5.3.3

案例：某采油厂采油管理区注采站，高架罐爬梯顶部踏板间隙约500mm，存在人员踏空跌落风险。

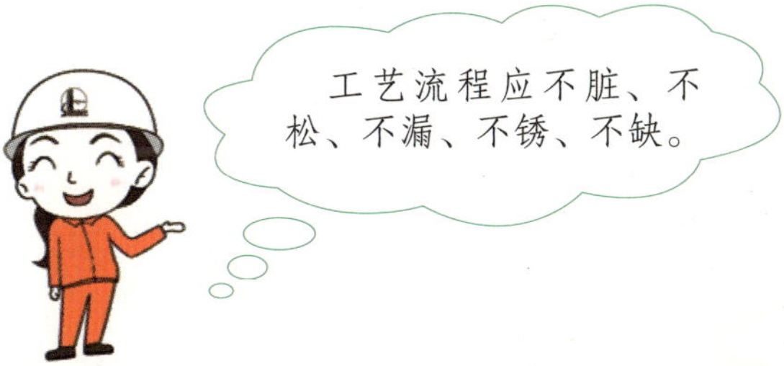

《配水间技术管理规范》(Q/SH1020 0634—2017)中4.3.1

案例：某采油厂采油管理区注采站配水间，注水流程上高压阀门本体、法兰连接处、管线焊缝处渗漏，注水压力为12.69MPa，存在刺漏伤人风险。

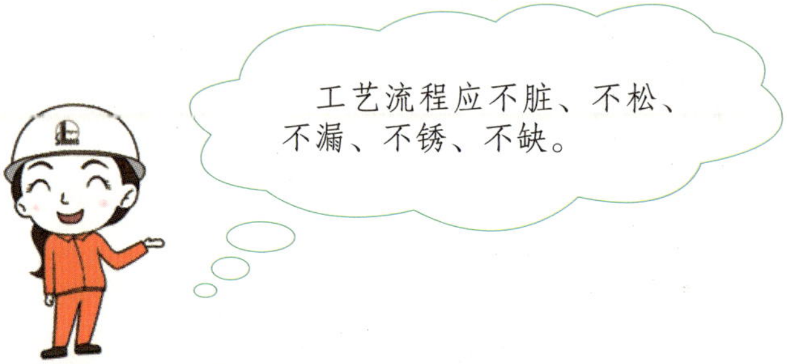

《配水间技术管理规范》(Q/SH 1020 0634—2017)中4.3.1

案例：某采油厂采油管理区注水井，电磁阀本体砂眼刺漏(注水压力12.64MPa)。

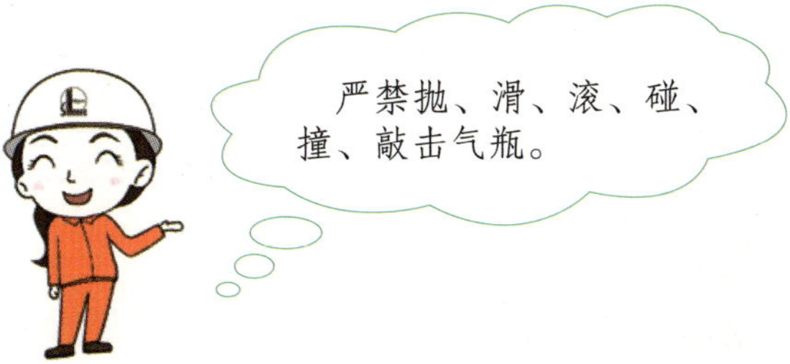

《气瓶安全技术规程》(TSG 23—2021)中8.6.9

案例： 某采油厂采油管理区动火作业现场，承包商施工人员脚踢氧气瓶、乙炔气瓶使其滚动。

《气瓶安全技术规程》（TSG 23—2021）中8.6.9

案例： 某采油厂采油管理区注水泵房流程改造施工现场，承包商使用的氧气瓶、乙炔瓶存放在一起，无防倾倒措施，氧气瓶无瓶帽。

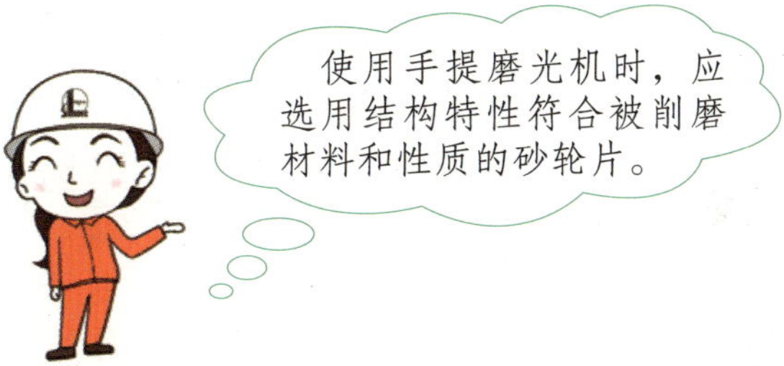

《石油工程建设施工安全规范》（SY/T 6444—2018）中 4.4.2

案例： 某采油厂采油管理区洗井流程改造施工现场，承包商施工人员使用切割片代替砂轮片打磨管件坡口，因切割片侧面强度远低于砂轮片，存在崩裂伤人风险。

1. 无瓶帽和防震胶圈的气瓶不得搬运或装车，运输气瓶应妥善固定，不同类别的气瓶不宜同车运输；

2. 立放时，要妥善固定，防止气瓶倾倒；

3. 惰性气体气瓶检验周期 5 年，溶解乙炔气瓶检验周期 3 年。

1.《石油工程建设施工安全规范》(SY/T 6444—2018)中5.5

2.《气瓶安全技术规程》(TSG 23—2021)中8.6.9

3.《气瓶安全技术规程》(TSG 23—2021)中9.3

案例： 某采油厂采油管理区维修工房，氧气瓶、乙炔气瓶无瓶帽、防震胶圈、同车运输未固定；三个立放气瓶未采取防倾倒措施；一个乙炔气瓶超期未检，两个氮气瓶未定期校验。

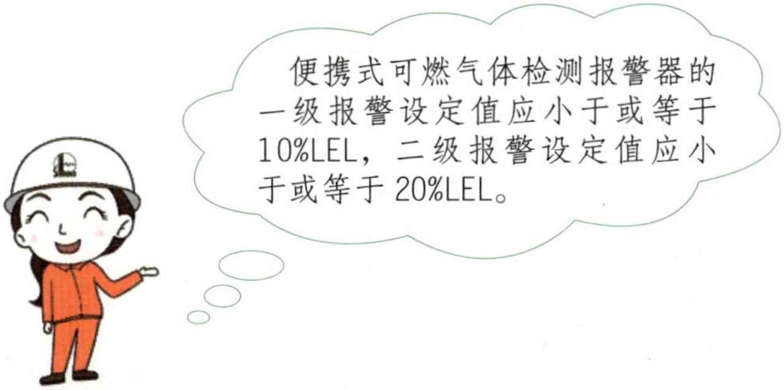

《石油天然气工程可燃气体检测报警系统安全规范》(SY 6503—2016)中6.3.3

案例： 某采油厂采油管理区卸油台，员工使用的便携式可燃气体检测报警器一级报警设定值为25%LEL，二级报警设定值为50%LEL，存在延误报警处置不利火灾控制风险。

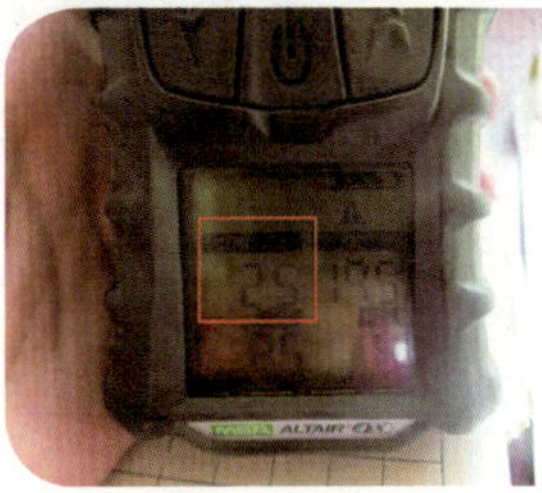

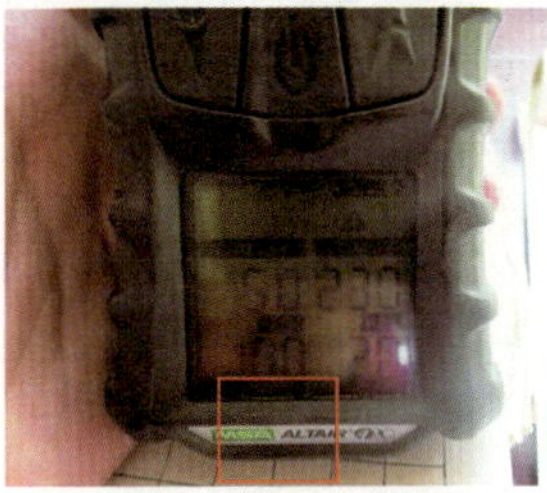

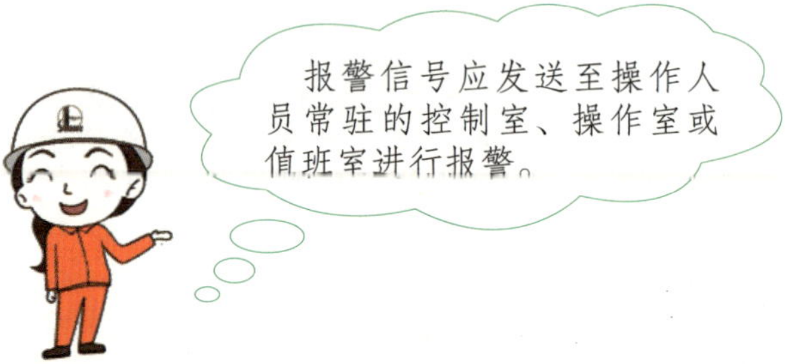

《石油天然气工程可燃气体检测报警系统安全规范》（SY 6503—2016）中4.9

案例：某采油厂采油管理区采气站，可燃气体报警控制器设置在非24小时常驻值守的门岗值班室内。

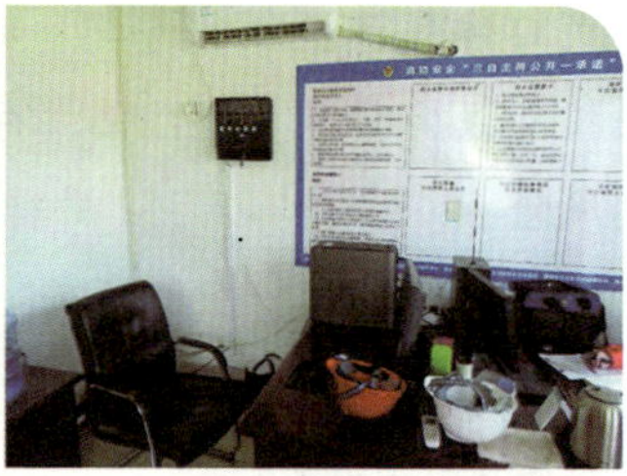

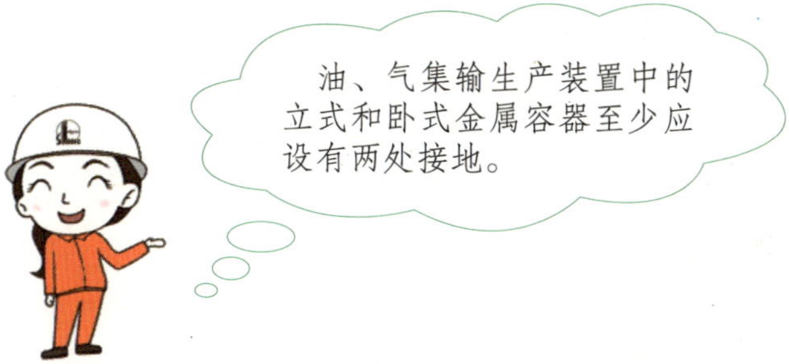

《油（气）田容器、管道和装卸设施接地装置安全规范》（SY/T 5984—2020）中3.3

案例： 某采油厂采油管理区接转站，站内立式分离器仅有一处防雷接地。

卸油鹤管及装油软管应选用有金属螺旋线或金属保护网的胶管制作，管端应用截面积不小于 4mm² 的铜芯软导线与接地线稳固连接。

《油（气）田容器、管道和装卸设施接地装置安全规范》（SY 5984—2014）中6.5

案例： 某采油厂采油管理区井场，承运商使用消防水龙带作为装油软管。

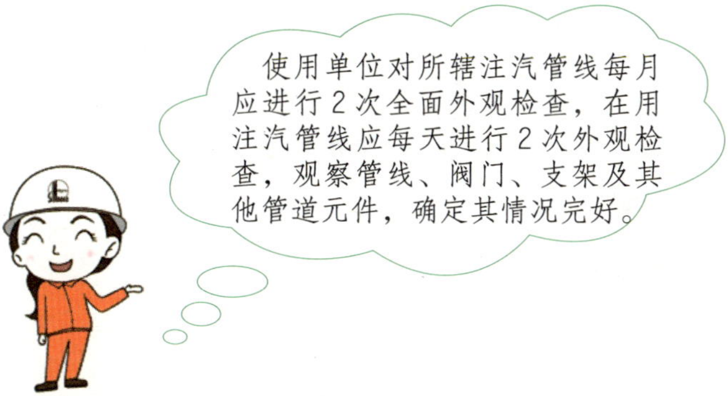

《油田固定注汽站及固定注汽管线安全规程》(Q/SH 1020 1298—2021)中9.2

案例： 某采油厂采油管理区注汽现场，井口顶部阀门损坏，注汽过程中漏汽。

使用单位对在用注汽管线应每天进行2次外观检查，观察管线、阀门、支架及其他管道元件，确定其情况完好。

《油田固定注汽站及固定注汽管线安全规程》(Q/SH 1020 1298—2021)中9.2

案例： 某采油厂采油管理区注汽现场，承包商注汽过程中盘根盒密封不严导致漏汽。

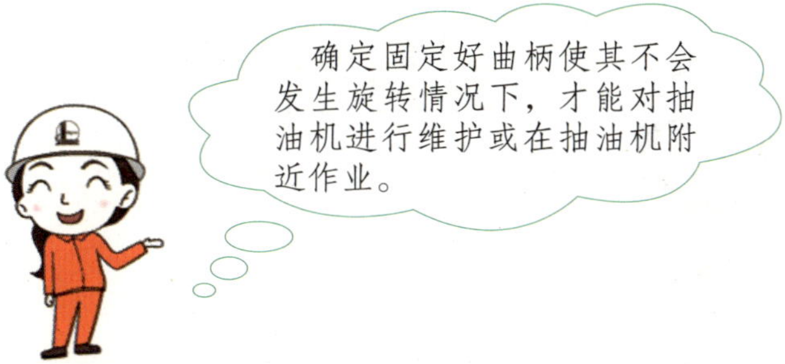

《游梁式抽油机的安装与维护》(SY/T 6668—2016)中6.1.6

案例： 某采油厂采油管理区更换抽油机刹车毂施工现场，施工人员在未采取防护措施的情况下站在抽油机平衡块上操作，存在人员挤伤及跌落风险。

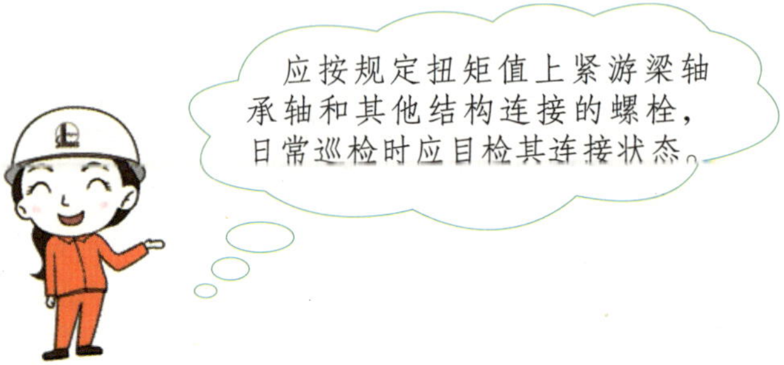

《游梁式抽油机的安装与维护》(SY/T 6668—2016) 中 5.5.2.2

案例： 某采油厂采油管理区采油现场，多台游梁式抽油机中轴承卡瓦螺栓紧固不到位。

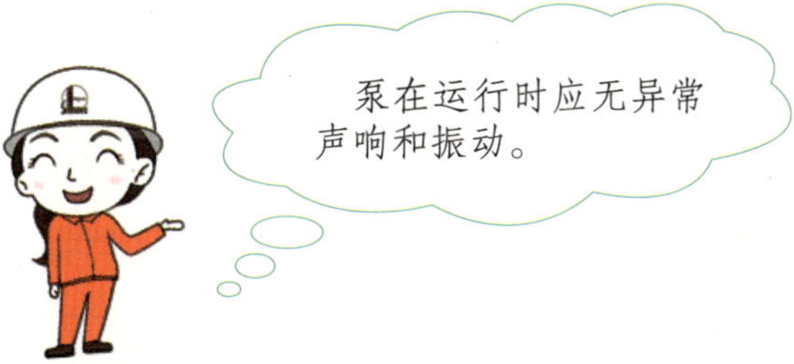

《机动往复泵》(GB/T 9234—2018) 中5.4.1

案例： 某采油厂采油管理区井场，1号柱塞泵有异常声响和振动但未停机检修，存在设备损坏风险。

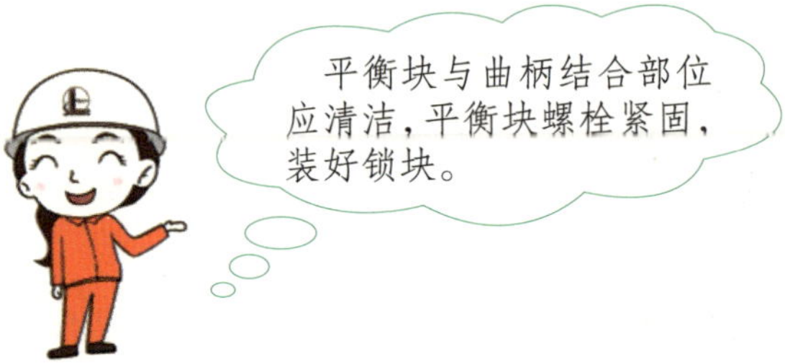

《游梁式抽油机安装》（Q/SH1020 0119—2016）中6.1.2.4

案例： 某采油厂采油管理区井场，抽油机平衡块锁块失效。

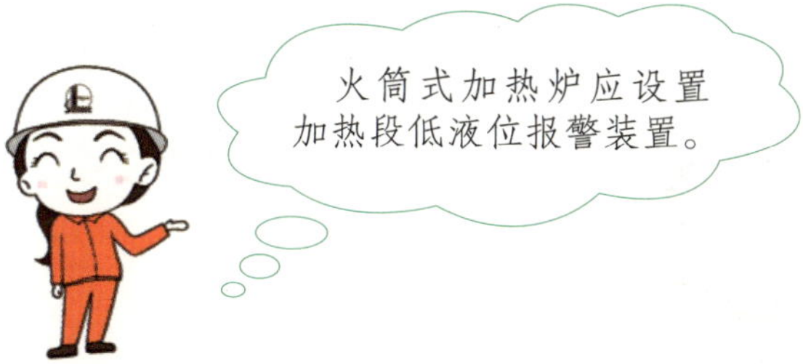

《石油工业用加热炉安全规程》(SY 0031—2012)中9.6.1

案例：某采油厂采油管理区注水站，两台加热炉均未设置加热段低液位报警装置。

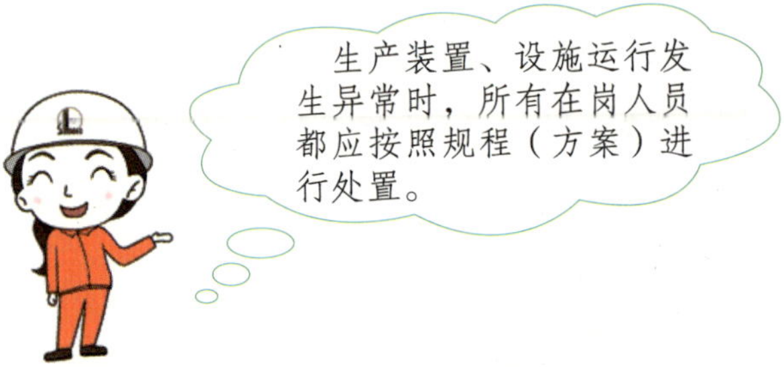

《中国石化应急队伍管理办法（试行）》（中国石化安〔2018〕415号）中4.3.1

案例： 某采油厂采油管理区接转站，一处天然气管线泄漏，现场操作人员未按照应急处置方案佩戴正压式空气呼吸器进行处置。

《油气田及管道工程仪表控制系统设计规范》(GB/T 50892—2013)中9.1.6

案例： 某采油厂采油管理区注水站，PLC控制系统的UPS主机损坏，存在异常失电控制系统、保护失灵的风险。

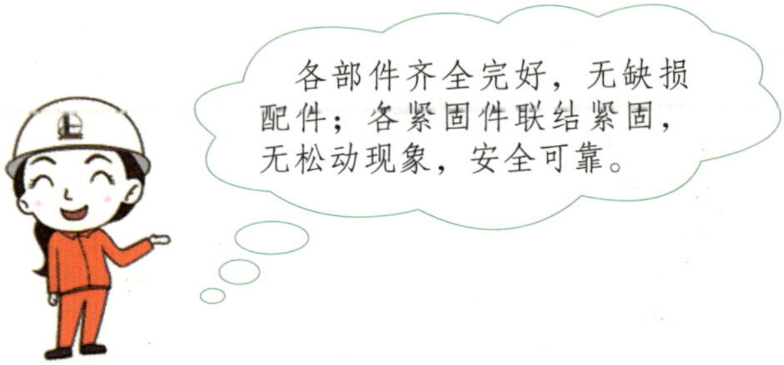

《油气田生产设施设备检、维修规范　第1部分：抽油机》(Q/SH05661—2013)中8.1

案例： 某采油厂采油管理区井场，一台抽油机游梁北侧踏板一端脱落，存在高处落物造成人身伤害风险。

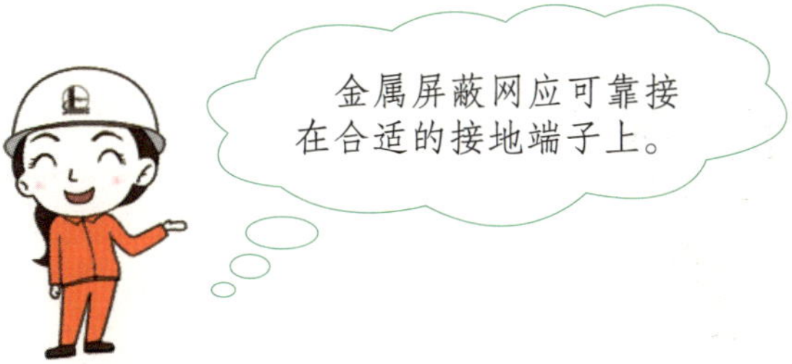

《自限温电伴热带》(GB/T 19835—2015) 中 5.3.3

案例： 某采油厂采油管理区海上采油平台，动力平台电伴热带屏蔽层未接地。

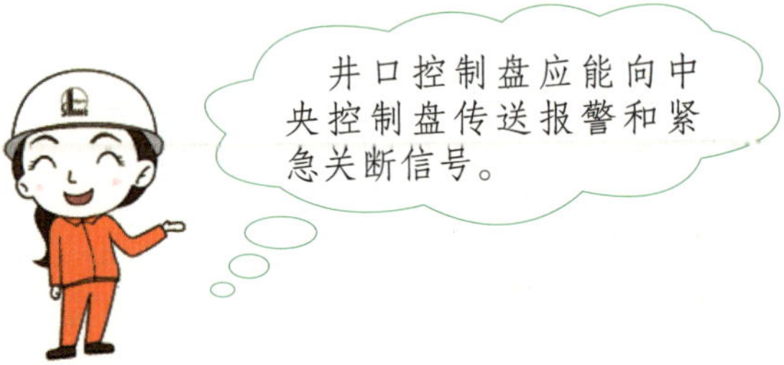

《海上固定平台安全规则》(2000)中10.4.4

案例： 某采油厂采油管理区海上采油平台，中控室监控的平台井口安全阀开关信号未引入监控系统。

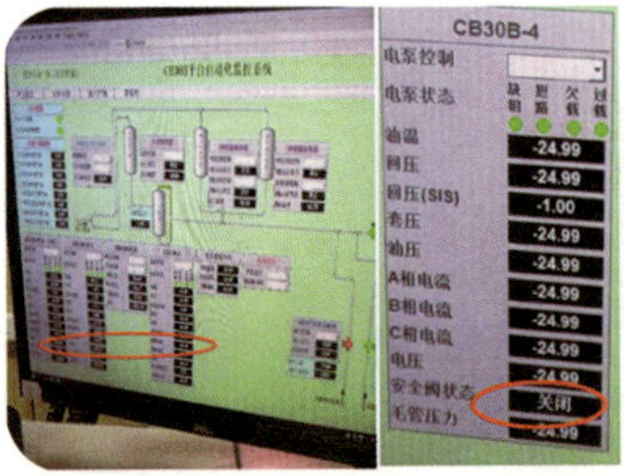

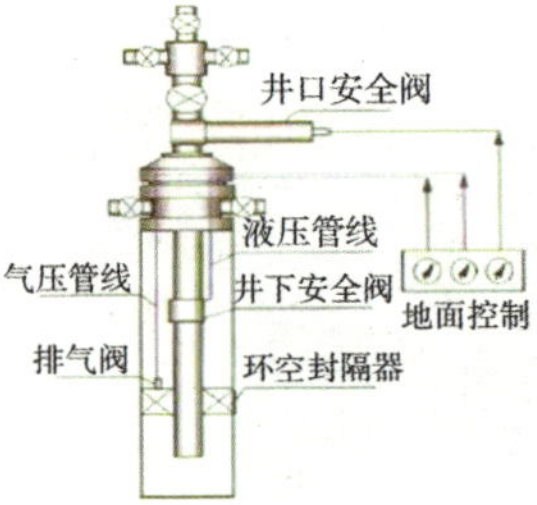

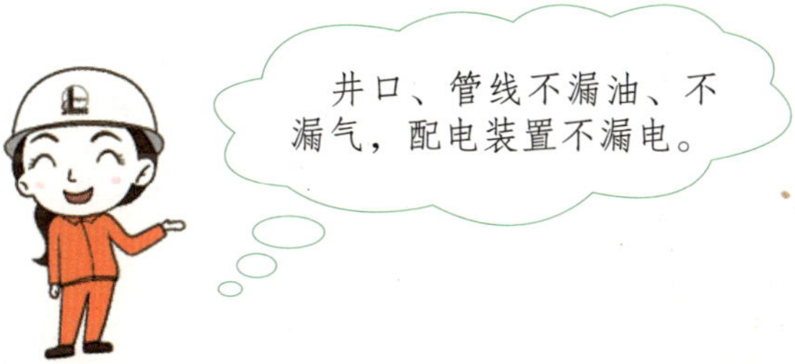

《石油行业安全生产标准化　陆上采油实施规范》（AQ2042—2012）中5.5.5.2

案例： 某采油厂采油管理区井场，井口套管气回收管线断开后未采取封堵措施，含硫气体泄漏（现场检测硫化氢占气体总体积为 10×10^{-6}），存在火灾和中毒风险。

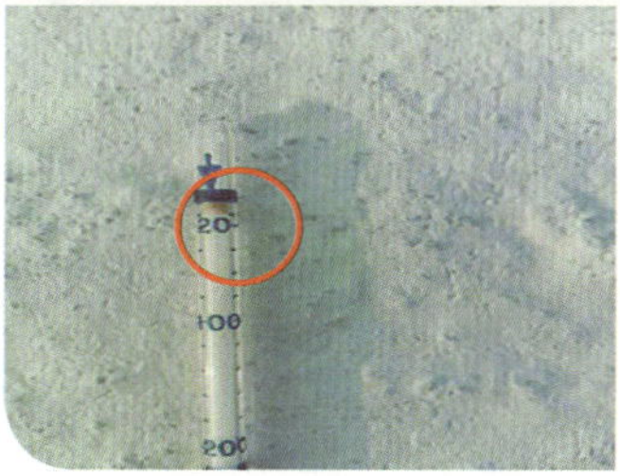

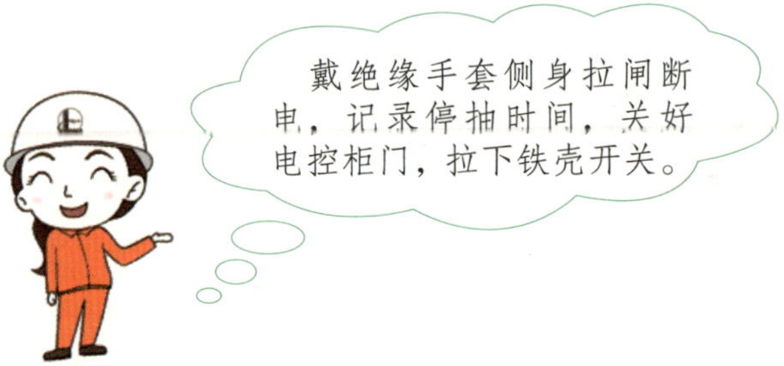

《常规、双驴头抽油机更换传动皮带操作规程》中2.1.3

案例：某采油厂采油管理区井场，抽油机更换皮带作业时控制柜电源未断开。

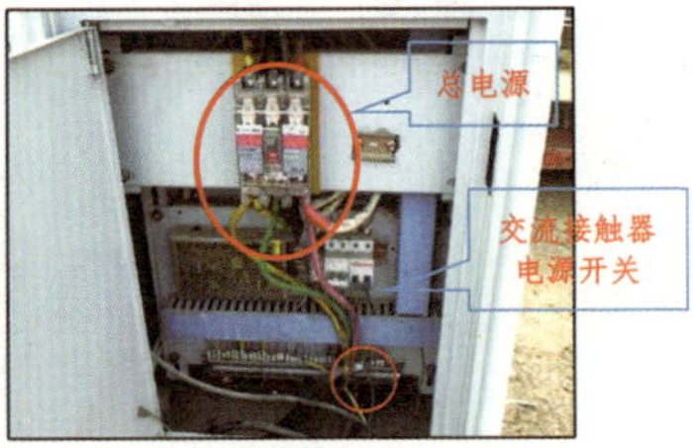

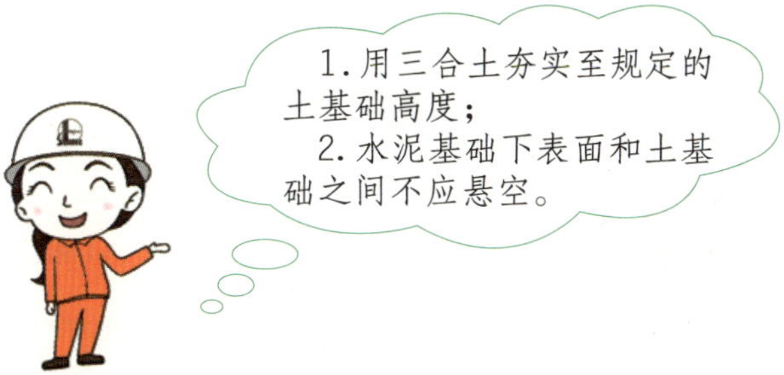

1.《ROTAFLEX 皮带抽油机安装操作规程》(Q/SH1020 1734—2014)中4.1.2

2.《游梁式抽油机安装》(Q/SH1020 0119—2016)中6.1.1.2

案例： 某采油厂采油管理区井场，抽油机靠近井口一端底座基础悬空。

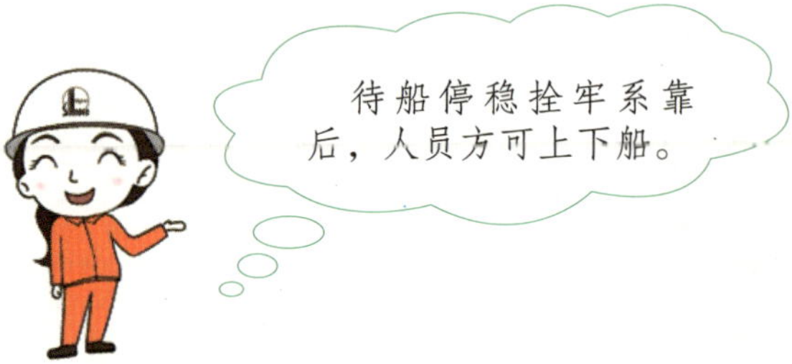

《中国石化海上石油作业安全管理规定》(中国石化安〔2011〕1009号)中6.4.2

案例：某采油厂管理区海上采油平台，交通船未停稳拴牢系靠，施工人员就已跳上平台，存在坠海风险。

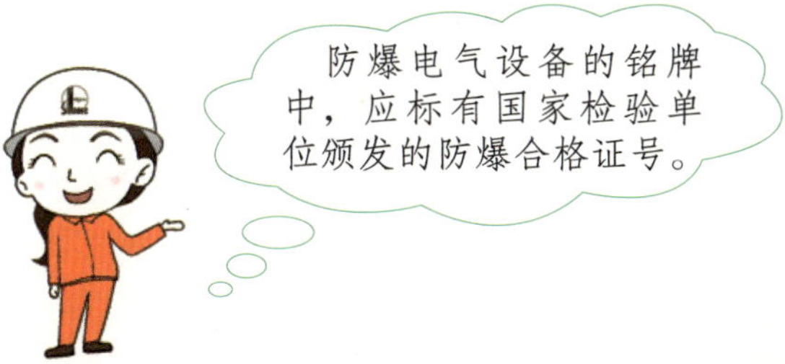

《爆炸和火灾危险环境电气装置施工及验收规范》（GB 50257—2014）3.0.4

案例： 某采油厂采油管理区注水站，项目改造所涉及的加药装置防爆型压力变送器与液位器铭牌中无防爆合格证号等信息。

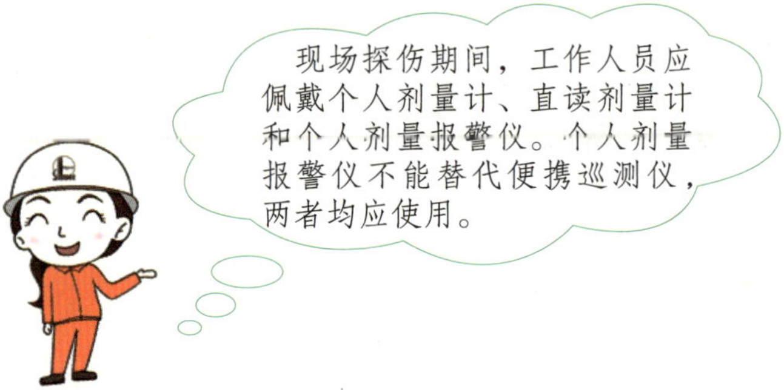

《工业X射线探伤放射防护要求》(GBZ 117—2015)中5.5.5

案例： 某采油厂采油管理区注采站外输管线施工现场，承包商焊口X射线探伤施工人员作业过程中未使用便携式巡测仪和个人剂量报警仪。

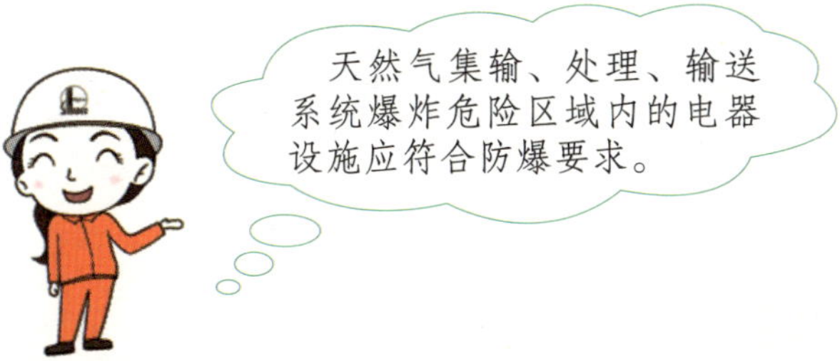

《天然气集输、处理和输送防火防爆安全管理规定》（Q/SH 1020 0742—2017）中4.2

案例：某采油厂采油管理区注水站，天然气分离器区安装的电子式电动执行器为非防爆产品。

1. 危险化学品必须储存在专用仓库、专用场地或者专用储存室内;
2. 严禁在库房内存放其他物品。

1.《胜利石油管理局 胜利油田分公司危险化学品安全管理办法》(胜油局发〔2021〕35号)中3.1.4

2.《胜利石油管理局 胜利油田分公司危险化学品安全管理办法》(胜油局发〔2021〕35号)中3.1.5

案例: 某采油厂采油管理区化验室仓库,1989L汽油与其他物品混放。

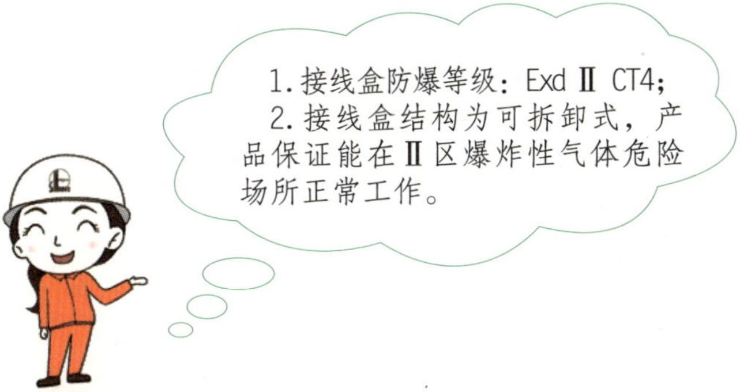

1.《油井井场原油储罐用电阻式加热器》（Q/SLCG 0307—2019）中5.2.1

2.《油井井场原油储罐用电阻式加热器》（Q/SLCG 0307—2019）中5.2.2

案例： 某采油厂未动用项目部井场，高架油罐电加热器的接线盒为非防爆产品。

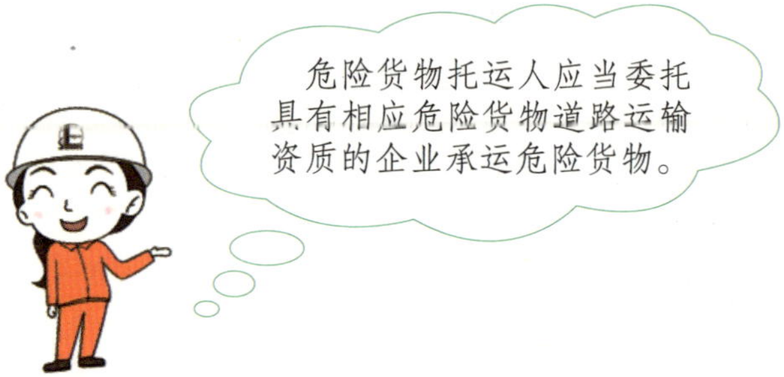

《危险货物道路运输安全管理办法》（交通运输部2019年第29号令）中第九条

案例： 某采油厂采油管理区井场，现场使用无资质车辆进行单井拉油，且车辆未安装防火帽，拉油人员未穿工鞋。

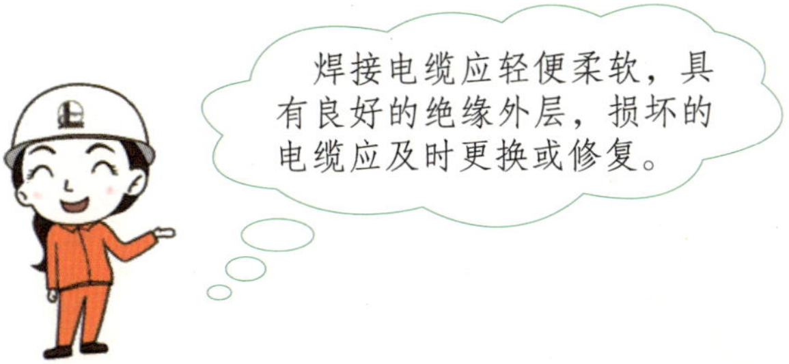

《石油工业电焊焊接作业安全规程》（SY/T 6516—2010）中4.3

案例： 某采油厂采油管理区注水站迁建施工现场，承包商使用的电焊机电源线、焊把线绝缘层破损，导体裸露。

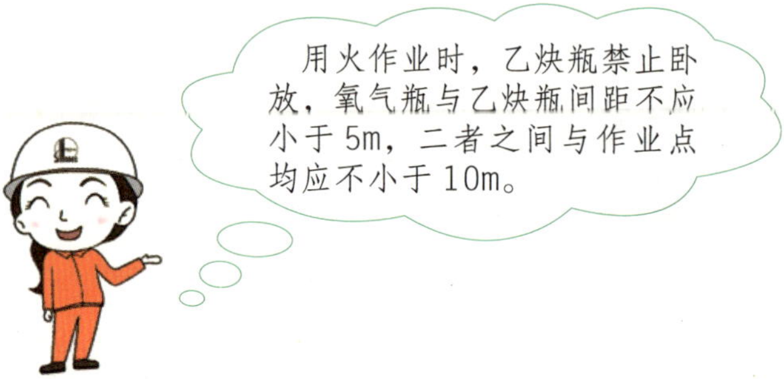

《油田企业工业用火作业安全规程》（Q/SH 0524—2013）中6.6.4

案例：某采油厂采油管理区掺水流程改造施工现场，氧气瓶、乙炔瓶放在拖拉机斗上间距不足5m，气瓶距离用火点不足10m。

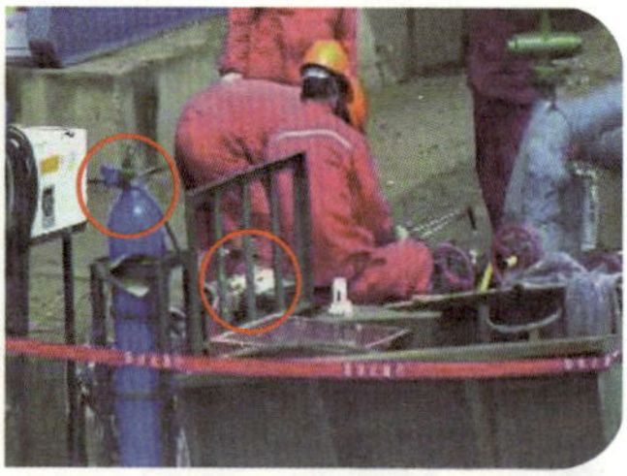

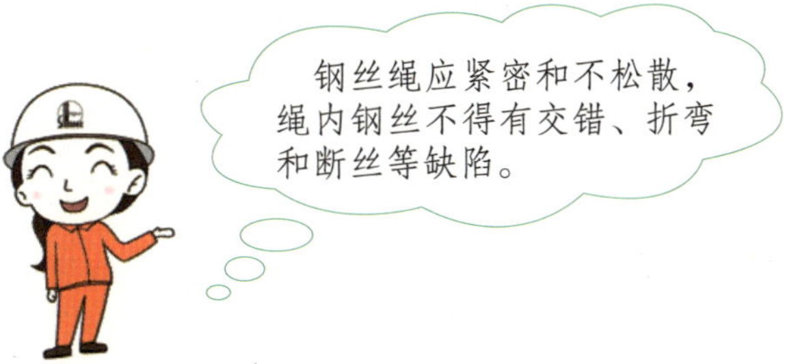

《一般用途钢丝绳》（GB/T 20118—2006）中6.2.3

案例： 某采油厂采油管理区井场，抽油机毛辫子断丝超标。

环境气体检测分析。用火作业前，用火单位负责人组织施工方进行环境气体检测分析，并将检测分析结果填入《许可证》。

《胜利油田施工作业安全管理规定》（胜油局发〔2021〕42号）中3.2.1.5

案例： 某采油厂采油管理区整改抽油机支架平台施工现场，承包商用火作业前未进行环境气体检测分析。

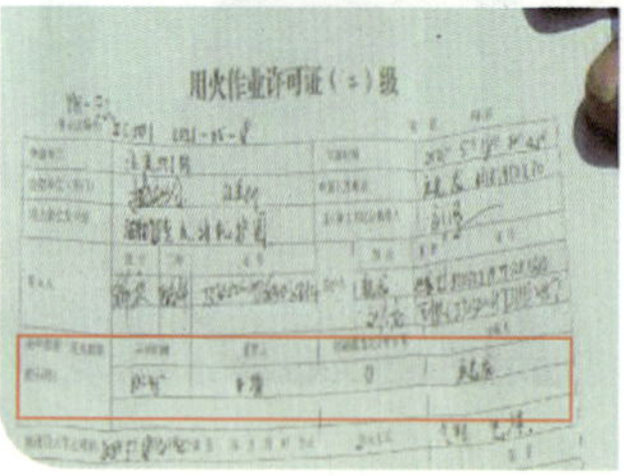
用火作业许可证（ ）级

监测仪应具备声光报警功能且报警信号应发送至有人值守的控制室或现场操作室的指示报警设备。

《胜利油田分公司陆上油田 硫化氢防护安全管理规定》（胜油公司发〔2018〕56号）中4.1

案例： 某采油厂采油管理区卸油站，卸油池区域新安装的硫化氢监测仪未通电。

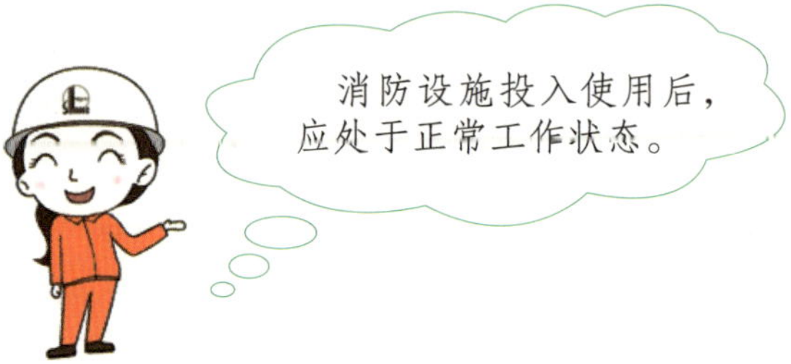

《消防设施维护管理规定》(Q/SH1020 2210—2013)中4.4

案例： 某采油厂采油管理区滩海陆岸采油平台，移动消防泵蓄电池损坏无法正常启动。

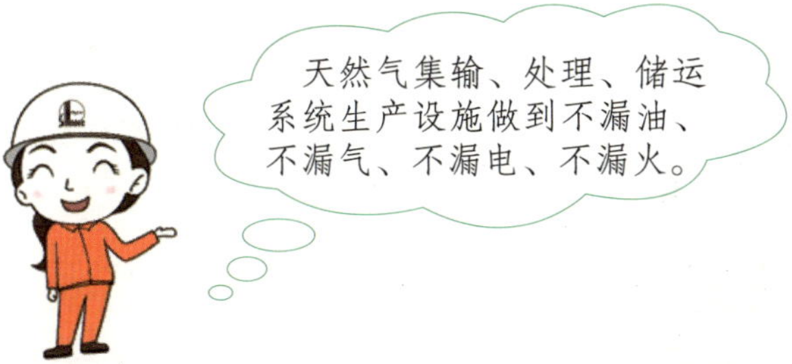

《石油天然气钻井、开发、储运防火防爆安全生产技术规程》(SY 5225—2012)中6.1.2.9

案例： 某采油厂采油管理区分水站，干燥器立管多处穿孔漏气，介质中硫化氢含量为45mg/m^3。

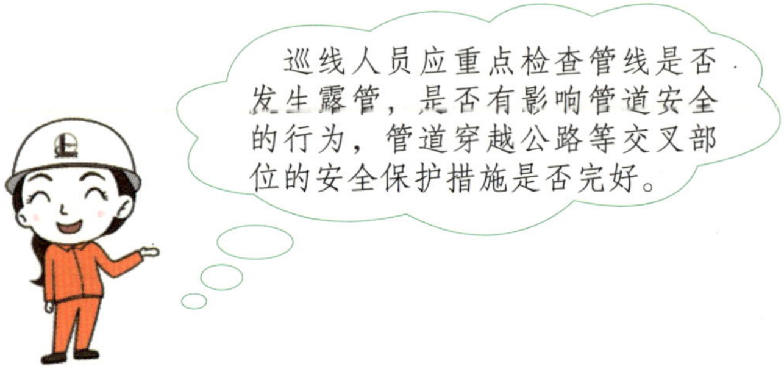

《注水管线技术管理规范》（Q/SH1020 2603—2013）中 3.2.3

案例： 某采油厂采油管理区注水井的注水压力为 12.54MPa，其穿越道路的注水管线外露，缺少过路防护。

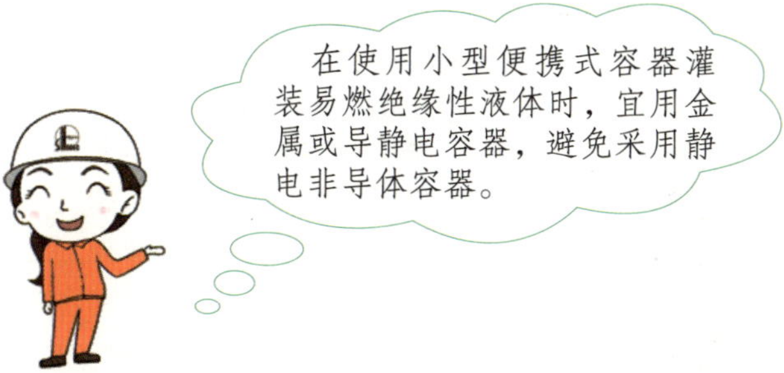

《防止静电事故通用导则》（GB 12158—2006）中6.3.12

案例： 某采油厂采油管理区注采站，使用塑料桶装溶剂油。

储罐的防护护栏、上罐扶（爬）梯、阻火器、呼吸阀、量油孔、人孔、透光孔、法兰等金属附件应与罐体做等电位连接。

《中国石化防雷防静电安全管理办法》中3.2.8

案例： 某采油厂采油管理区注水站，玻璃钢储罐顶部钢制护栏未做等电位连接。

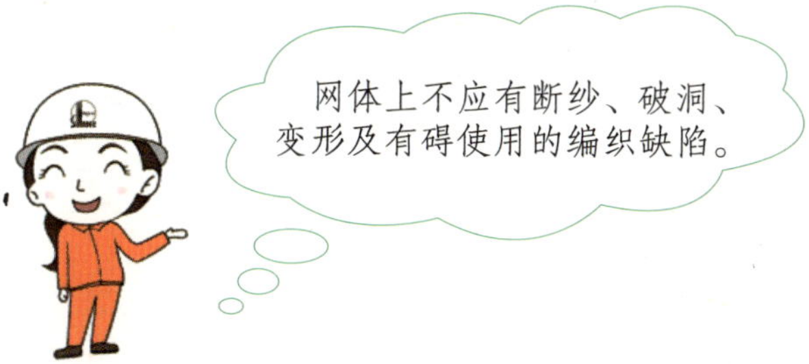

《安全网》(GB 5725—2009)中5.2.1.3

案例： 某采油厂采油管理区靠船排，海上平台与巡逻船舶之间铺设的安全网破损。

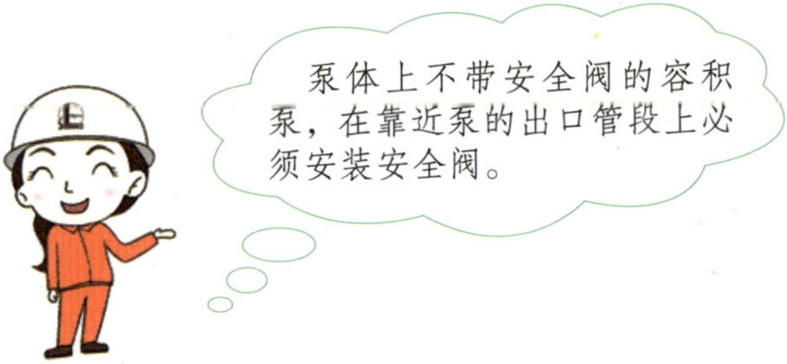

《油气集输设计规范》(GB 50350—2005) 中 4.3.9

案例：某采油厂采油管理区计量站，螺杆泵出口未安装安全阀。

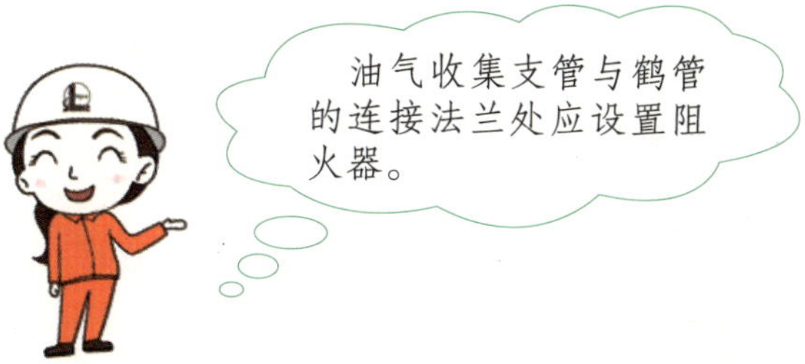

《油品装载系统油气回收设施设计规范》(GB 50759—2012)中5.1.3

案例： 某采油厂采油管理区原油外销点，定量装车系统鹤管的油气收集管敞口处未安装阻火器。

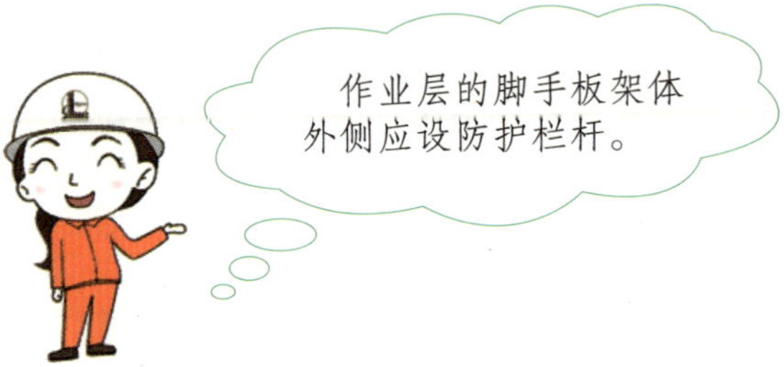

《建筑施工承插型盘扣式钢管支架安全技术规程》（JGJ 231—2010）中6.2.8.1

案例： 某采油厂采油管理区注水站注水泵房建设施工现场，承包商使用的脚手架作业层未安装防护栏杆。

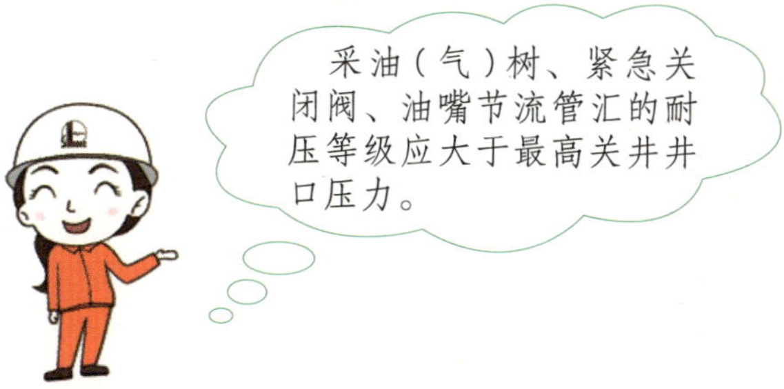

《试油（气）流程安装质量》（Q/SH1020 0134—2004）中3.1

案例： 某采油厂采油管理区井场，该井为压裂后放喷生产（放喷压力1.6MPa，井口压力6.5MPa），流程中一块压力表截止阀使用1.6MPa的低压阀门，存在刺漏伤人的风险。

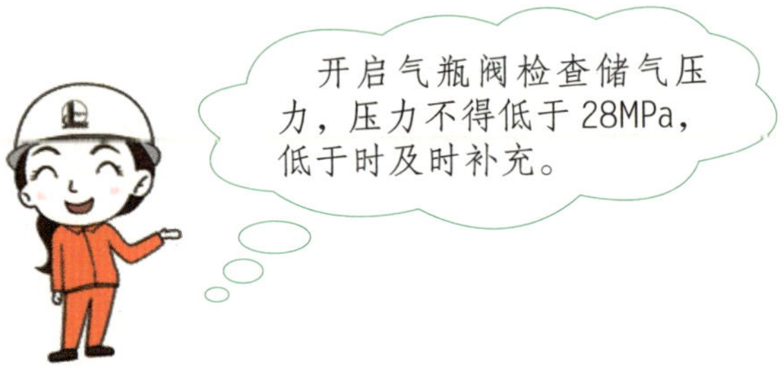

《正压式空气呼吸器安全使用规则》（Q/SH1020 2063—2018）中7.1

案例： 某采油厂采油管理区现场配置的5台正压式空气呼吸器中3台压力不足（分别为16MPa、20MPa、21MPa）。

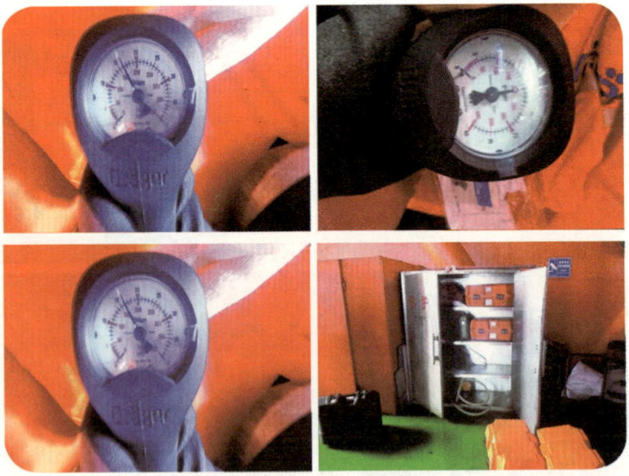

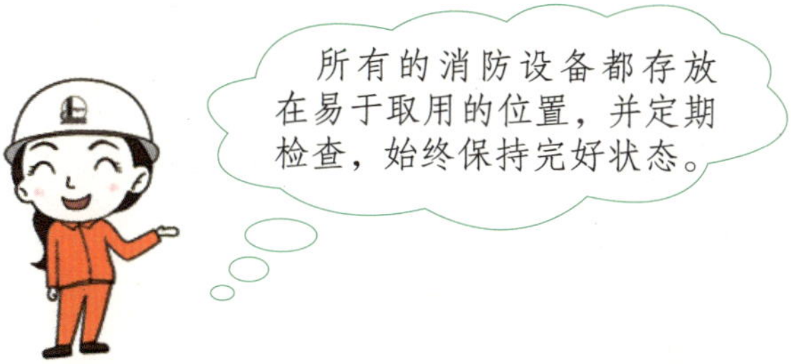

《海洋石油安全管理细则》（国家安全生产监督管理总局令第25号）中第二十三条

案例： 某采油厂采油管理区海上平台，现场一个国际通岸接头箱无法打开。

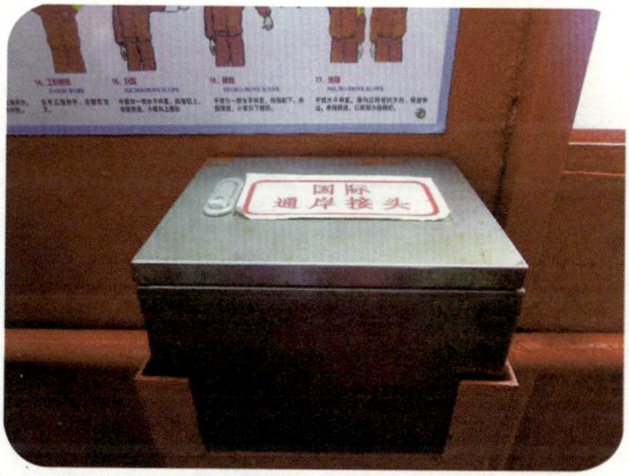

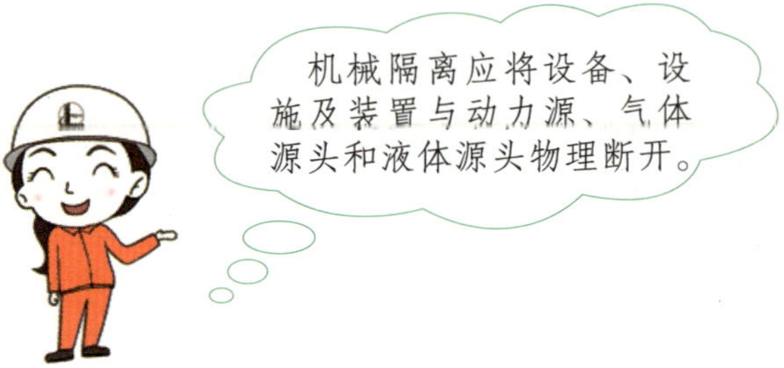

《中国石化能量隔离管理规定》(JZGSH-B0803-22-054-2021-1)中3.2.1

案例： 某采油厂采油管理区注水站，1号卧式分离器原油出口加装流量计用火作业期间与生产设备未做隔离，存在油气火灾风险。

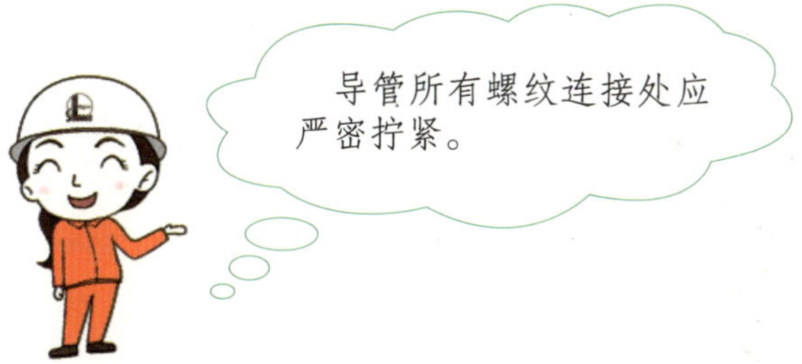

《危险场所电气防爆安全规范》(AQ3009—2007)中6.1.1.3.4

案例： 某采油厂采油管理区计量站，计量间内压力和温度传感器接线管断开，接线盒未封闭。

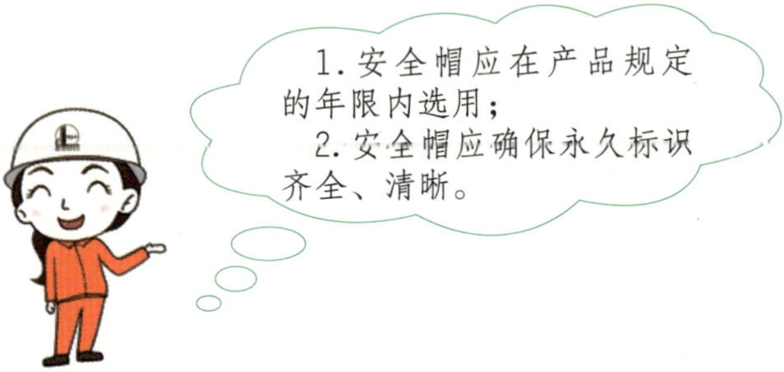

1.《头部防护　安全帽选用规范》(GB/T 30041—2013)中4.1.2

2.《头部防护　安全帽选用规范》(GB/T 30041—2013)中5.1.8

案例： 某采油厂采油管理区新建注水站施工现场，承包商多名施工人员佩戴的安全帽存在超期使用、无产品永久标识等问题。

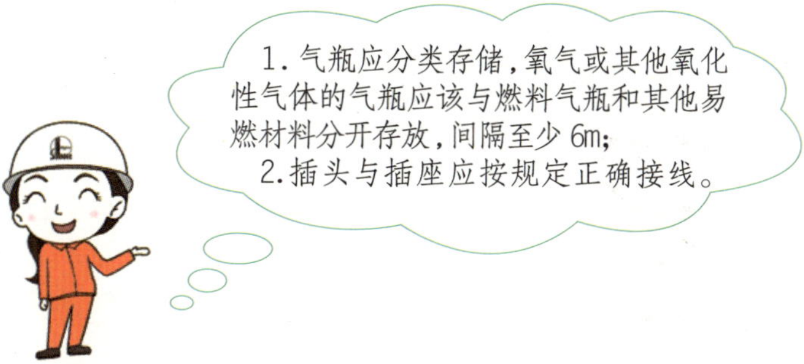

1.《气瓶使用安全管理规范》(Q/SY 1365—2011) 中 4.4.4

2.《用电安全导则》(GB/T 13869—2017) 中 5.1.3

案例： 某采油厂采油管理区库房，氧气瓶、乙炔瓶、液化气瓶及油漆桶混放，用电线路导体直接插入插座，存在火灾风险。

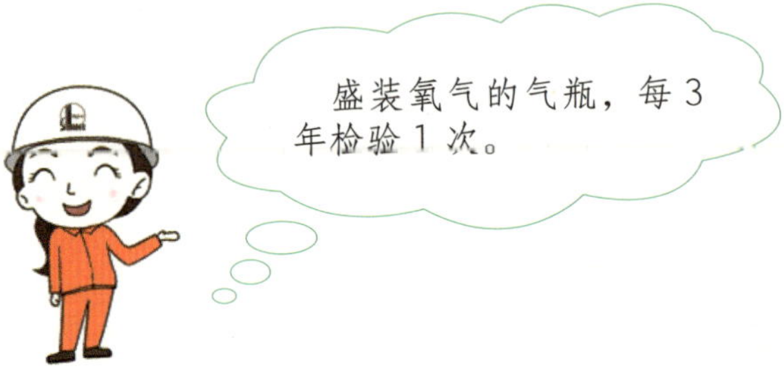

《气瓶安全技术监察规程》（TSG R0006—2014）中7.4.1.1

案例： 某采油厂采油管理区单井管线施工现场，承包商使用的氧气瓶从2017年至今未检。

1. 引下线宜采用焊接、夹接、卷边压接、螺钉或螺栓等连接；

2. 应在雨季来临之前对防雷防静电设施进行全面检查、检测、维修。

1.《石油化工装置防雷设计规范》（GB 50650—2011）中6.2.1

2.《中国石化防雷防静电安全管理办法》（中国石化安〔2018〕197号）中3.4.1

案例：某采油厂采油管理区单井高架储油罐接闪器引下线使用铁丝捆绑固定，且未进行防雷设施检测；经落实，该管理区目前运行单井拉油井41井次，均未开展高架储油罐防雷检测工作。

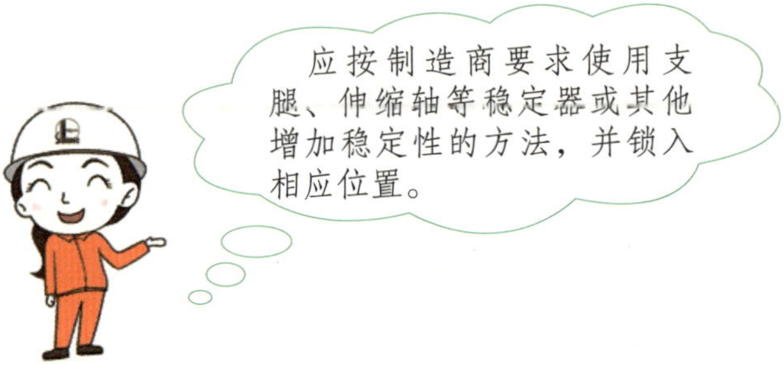

《移动式升降工作平台　安全规则、检查、维护和操作》（GB/T 27548—2011）中6.7.3

案例：某采油厂采油管理区高处作业刷漆施工，作业期间移动式操作平台未使用支腿。

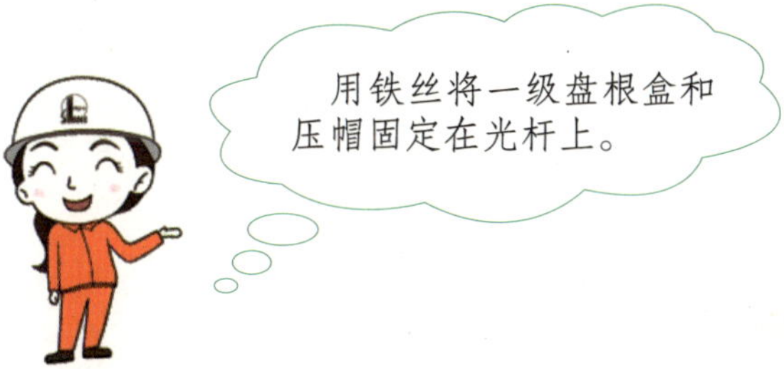

《胜利油田操作规程汇编》（西部油区采油操作注采一体化油井更换盘根操作规程）中3.2

案例： 某采油厂采油管理区，两名员工更换盘根时使用管钳支撑盘根盒和压帽，未将盘根盒和压帽用铁丝固定在光杆上，存在盘根盒和压盖掉落砸手风险。

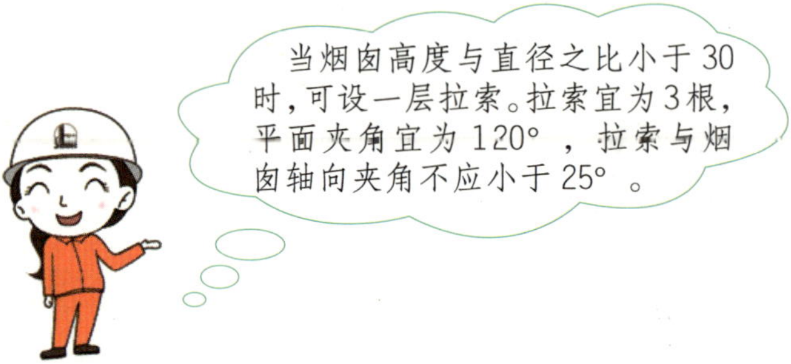

《烟囱设计规范》（GB 50051—2013）中10.4.2

案例：某采油厂采油管理区井场，加热炉烟囱未用拉索进行有效固定。

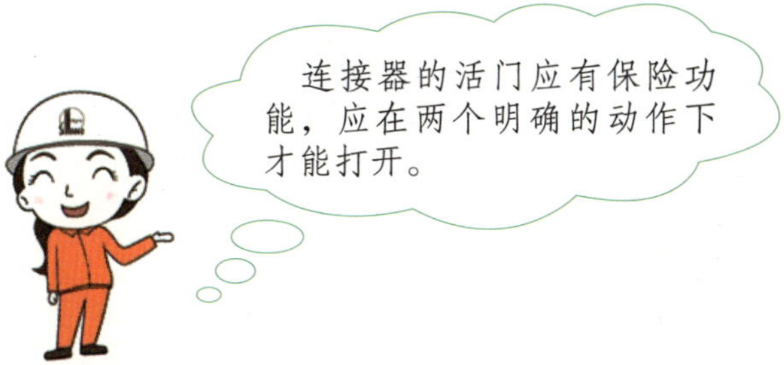

《安全带》（GB 6095—2009）中5.1.2.5

案例： 某采油厂采油管理区外墙脚手架搭设现场，承包商施工人员安全带钩挂在立杆顶部管孔中，挂钩保险装置失效。

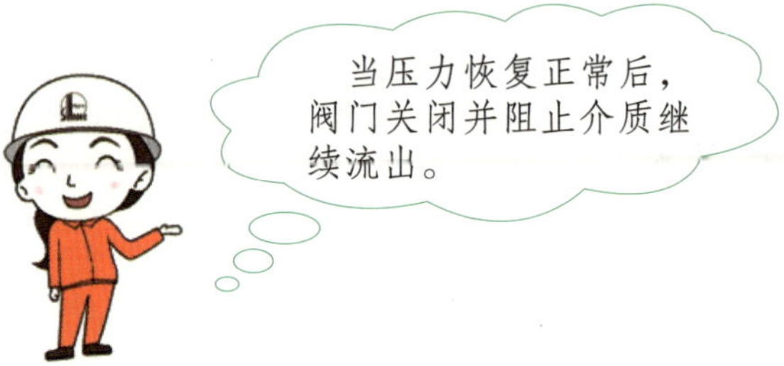

《安全阀一般要求》(GB/T 12241—2021) 中 3.1

案例： 某采油厂采油管理区拉油点，1号多功能罐燃气干燥器排底水阀门未关闭、有气体逸出；2号多功能罐一个安全阀回座不严，有漏气现象。

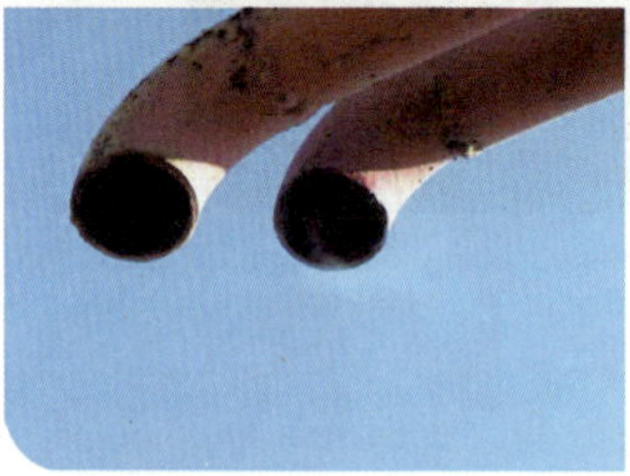

燃气压力调节器应保证燃气压力波动范围不超过设计值的 ±5%。

《锅炉用液体和气体燃料燃烧器技术条件》（GB/T 36699—2018）中 8.3.15

案例： 某采油厂采油管理区井场，加热炉燃烧器供气管线上的减压阀设定值错误，燃烧器设计进气压力为 3~5kPa，实际进气压力为 30kPa，存在烟气超标、锅炉结焦、熄火风险。

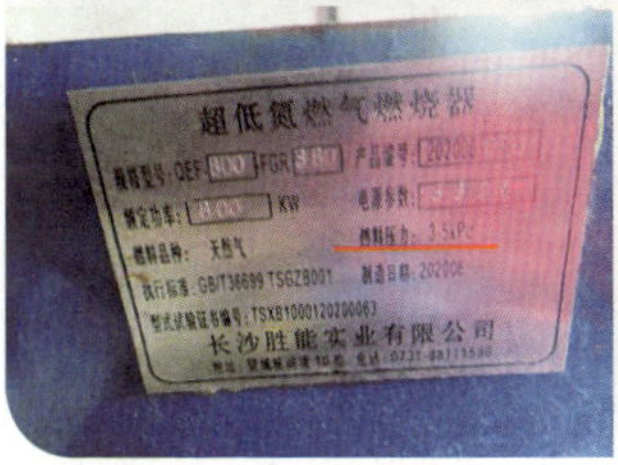

1. 脚手架挂扣式连接、承插式连接的连接件应有防止退出或防止脱落的措施，不合格品应及时报废；

2. 坠落悬挂安全带不应出现织带撕裂、开线等现象。

1.《建筑施工脚手架安全技术统一标准》(GB 51210—2016)中4.0.12

2.《安全带》(GB 6095—2009)中5.2.3.1

案例： 某采油厂采油管理区外墙施工现场，承包商所用挂扣式脚手板多个挂钩缺失，且1名施工人员安全带破损，存在人员坠落风险。

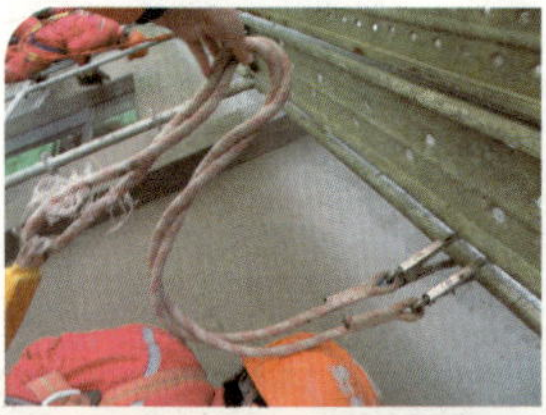

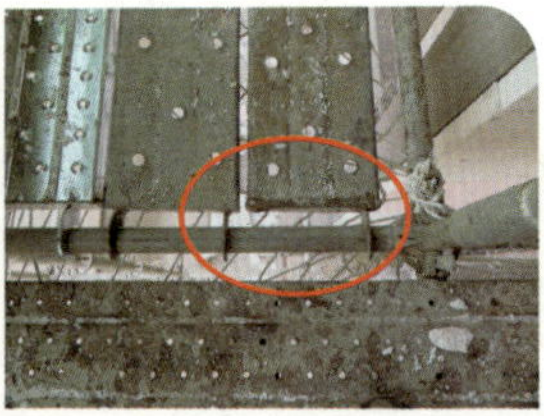

安全泄放装置包括呼吸阀等，排放能力应保证在发生火灾和罐内压力出现异常等情况时能迅速排放。

《道路运输液体危险货物罐式车辆　第1部分：金属常压罐体技术要求》(GB 18564.1—2019)中6.2.1

案例： 某采油厂采油管理区集中拉油点装油作业现场，拉油罐两个呼吸阀被塑料袋封闭，存在罐体超压风险。

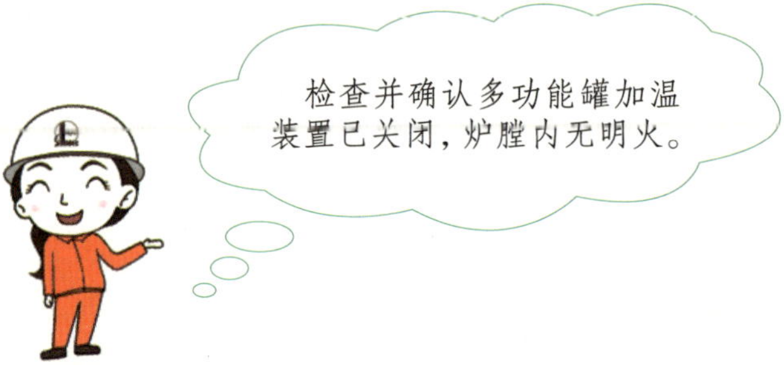

《胜利油田采油工程操作规程汇编（2021版）》（单井多功能罐装车操作规程）中2.2

案例：某采油厂采油管理区井场，操作人员在多功能罐加热炉未熄火的情况下进行原油装卸。

电泵井井口应安装井口法兰，法兰螺栓应上满并对角紧固。

《潜油电泵井施工技术规程》(Q/SH1020 0213—2018)中6.8.3

案例： 某采油厂采油管理区电泵井，井口缺少法兰。

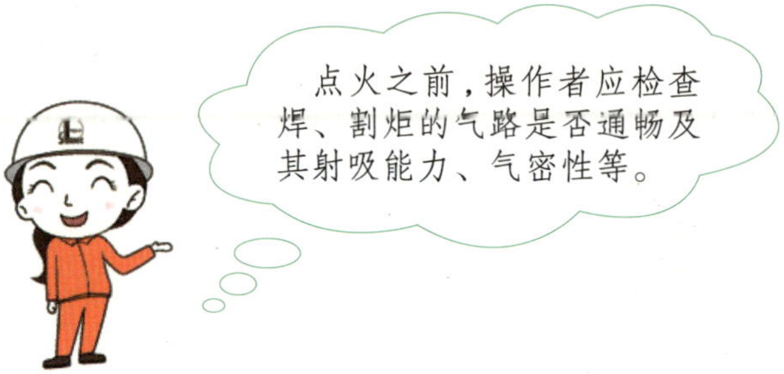

《焊接与切割安全》（GB 9448—1999）中10.2

案例： 某采油厂采油管理区注采站转注工程施工现场，承包商施工人员气割作业时，乙炔胶管与割炬固定不牢，施工过程中胶管脱落发生闪燃。

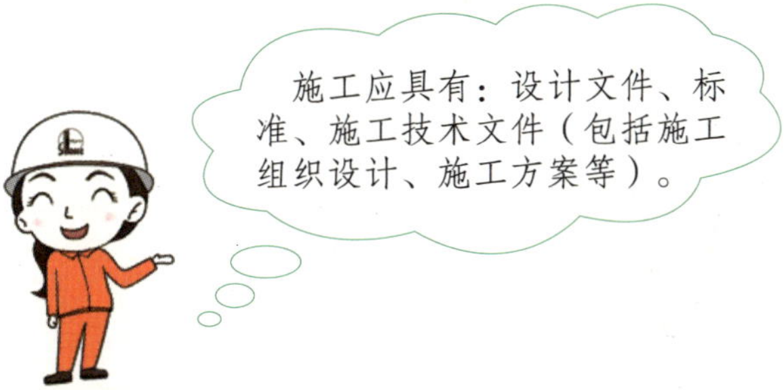

《油田注水工程施工技术规范》（SY/T 4122—2020）中3.0.4

案例： 某采油厂采油管理区配水间，高压注水管线流程改造无施工设计文件及施工方案。

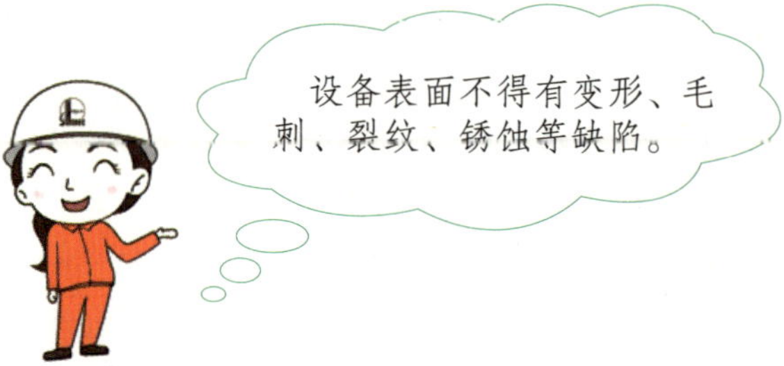

《油田用水套加热炉技术要求》(Q/SH1020 2665—2018)中6.1.1

案例：某采油厂采油管理区井场，加热炉本体锈蚀穿孔漏水。

多层股钢丝绳，同层股的一个股中顶部断丝达3丝或同层股中顶部断丝数达6丝时，应更换钢丝绳。

《石油天然气工业用钢丝绳的选用和维护的推荐作法》（SY/T 6666—2017）中7.2.3

案例： 某采油厂采油管理区井场，抽油机一根毛辫子断丝超6丝未更换。

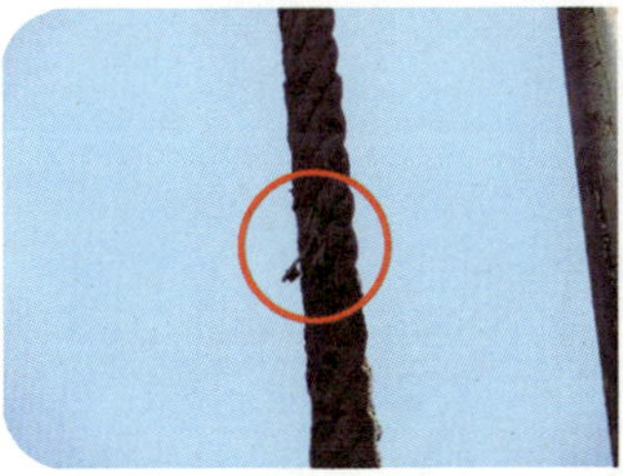

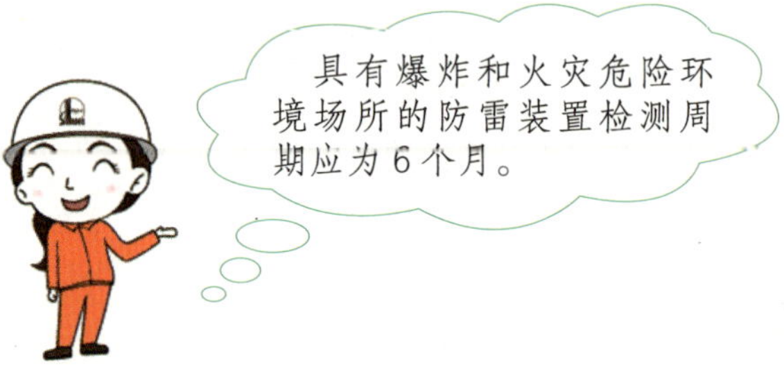

《油田雷电防护装置管理规范》(Q/SH1020 0918—2018)中4.7

案例： 某采油厂采油管理区井场，单井拉油罐防雷装置检测周期为1年。

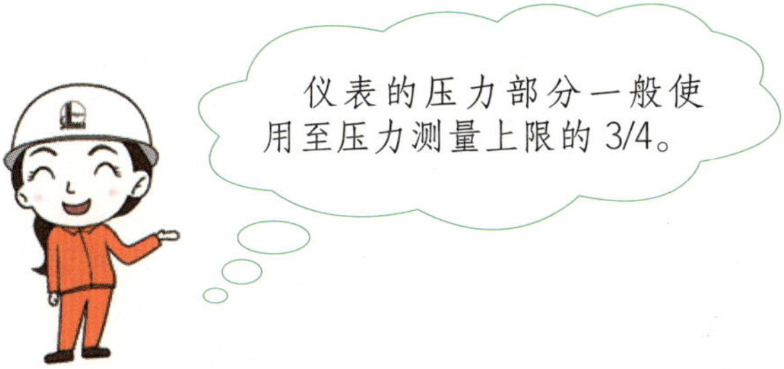

《一般压力表》(GB/T 1226—2017) 中 5.1.3

案例： 某采油厂采油管理区井场，井口套压压力变送器损坏，显示压力为15.69MPa，超过测量范围0~10MPa，不能准确显示套管压力。

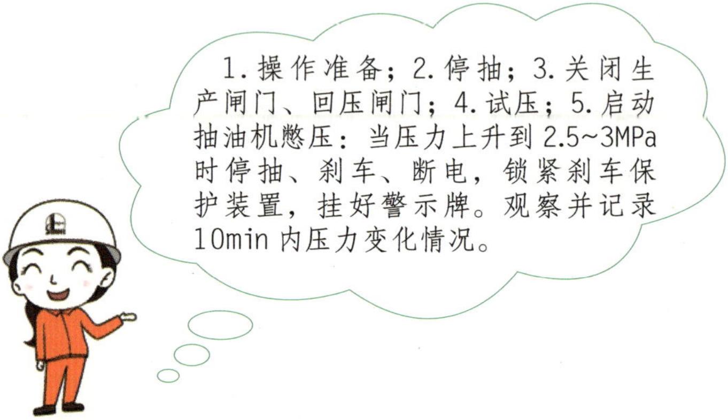

《油井井口憋压操作规程》

案例： 某采油厂采油管理区井场，岗位人员在油井憋压操作时，不停抽直接关回压闸门，且无人控制抽油机，存在超压风险。

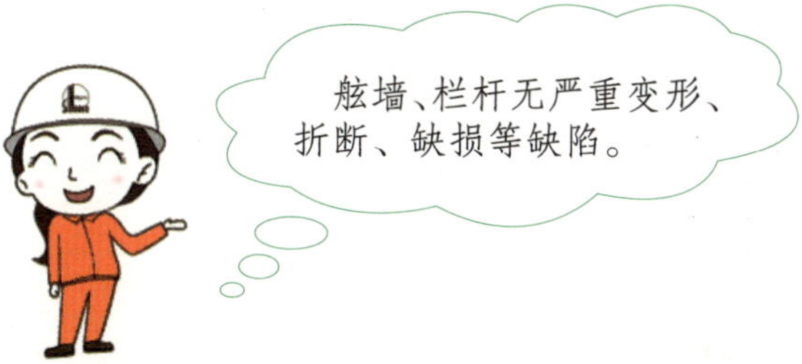

《海船安全开航技术要求　第1部分：一般要求》(GB/T 11412.1—2009)中6.1.6

案例：某采油厂采油管理区海管维修施工现场，承包商驳船甲板施工区域栏杆开口处未系挂防护链。

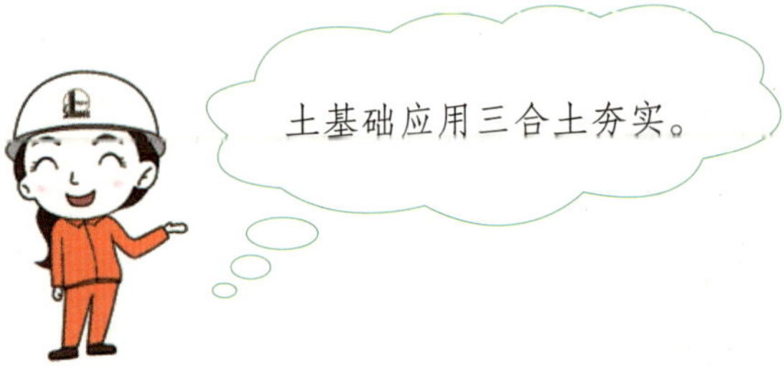

《皮带抽油机安装操作规程》(Q/SH1020 1734—2014)中4.2.3

案例：某采油厂采油管理区注汽施工现场，注汽过程中油井表层套管呼吸口刺漏造成抽油机基础悬空。

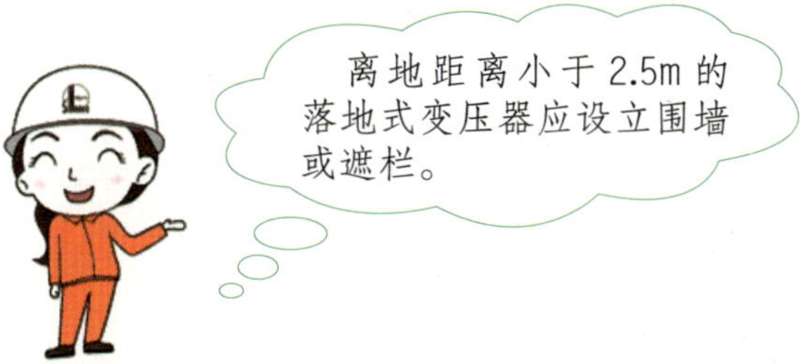

《供用电安全管理规定》(Q/SH1020 1139—2015)中5.2

案例：某采油厂采油管理区井场，变压器离地高度不足2m，并未设立防护栏。

试油（气）与井下作业施工时，拆卸采油（气）树部件要清洗、保养备用，严禁使用闸板阀控制放喷或将防喷器作采油树使用。

《中国石化井控管理规定》（中国石化油〔2015〕374号）中6.11

案例： 某采油厂采油管理区某井，自试油后一直将防喷器作采油树使用，存在井控风险。

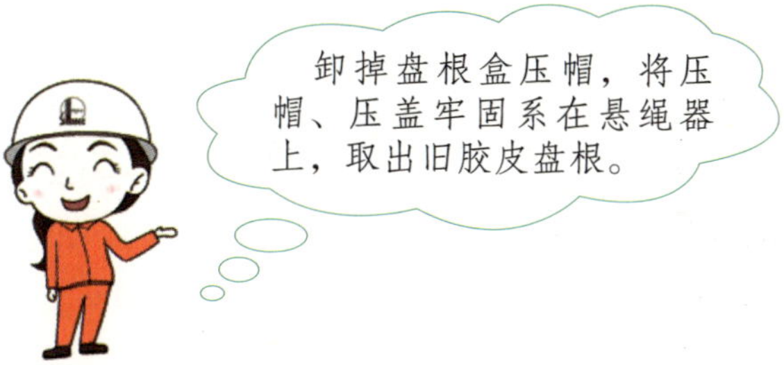

《更换抽油机井盘根盒操作规程》中2.2.2

案例： 某采油厂采油管理区更换盘根施工现场，操作人员使用铁锨支撑防喷盒压帽。

注氮配合蒸汽发生器施工时，井口和注氮高压管之间应安装热力补偿器和单流阀。

《油水气井注氮气安全技术规程》(Q/SH 0526—2013) 中 4.6.4

案例： 某采油厂采油管理区注汽现场，承包商注氮配合蒸汽发生器施工时，井口和注氮高压管之间未安装热力补偿器和单流阀，存在高压串低压风险。

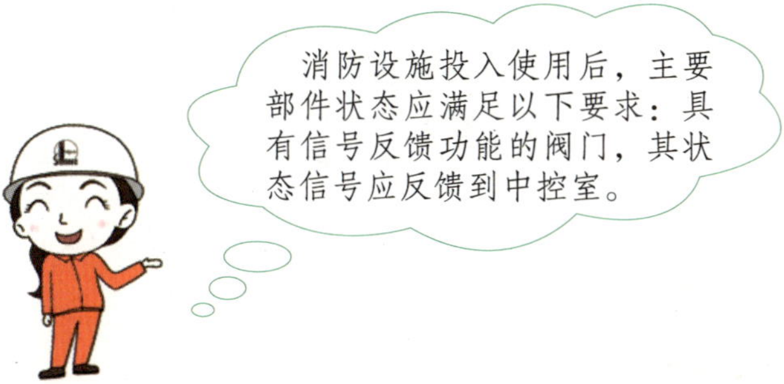

《海洋石油生产设施消防规范》（SY/T 6429—2017）中 6.3.2

案例： 某采油厂采油管理区一体化平台，二氧化碳气瓶间内备用氮气瓶压力释放开关信号线未连接。

护听器的使用应符合：a）职业暴露的噪声强度等效声级大于等于85dB（A）时，劳动者应佩戴护听器进行听力防护；b）职业暴露的噪声强度等效声级大于等于100dB（A）时，应同时佩戴耳塞和耳罩。

《噪声职业病危害风险管理指南》（AQ/T 4276—2016）中5.2.4.2

案例： 某采油厂采油管理区注水泵房，2台注水泵噪声值实测为100.8dB，现场无降噪设施，且未配备听力防护用品。

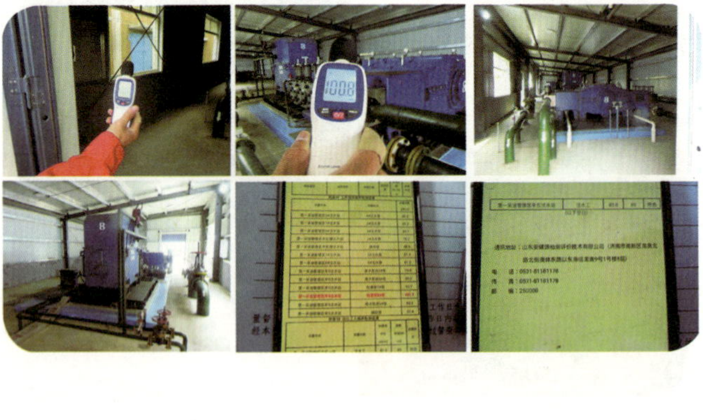

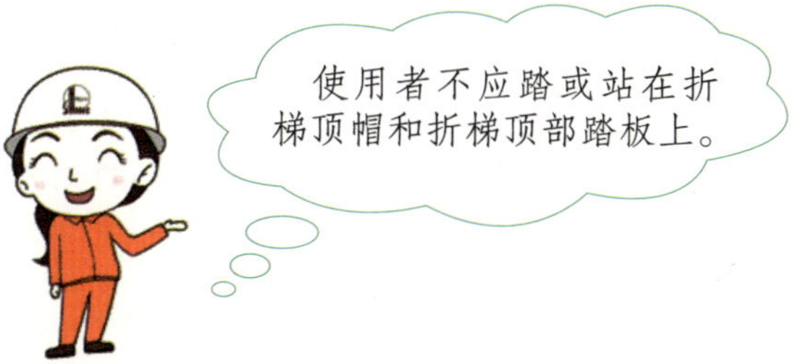

《便携式金属梯安全要求》(GB 12142—2007)中8.2.2.2

案例： 某采油厂采油管理区抽油机维修施工现场，一名操作人员站在人字梯的顶帽上维修抽油机，存在人员跌落风险。

双排外作业架外侧应设挡脚板和防护栏杆，防护栏杆可在每层作业面立杆的0.5m和1.0m的连接盘处布置两道水平杆，并应在外侧满挂密目安全网。

《建筑施工承插型盘扣式钢管脚手架安全技术标准》（JGJ/T 231—2021）中7.5.3.2

案例： 某采油厂采油管理区新建泵房施工现场，承包商脚手架防护网破损，无中栏杆，存在人员坠落风险。

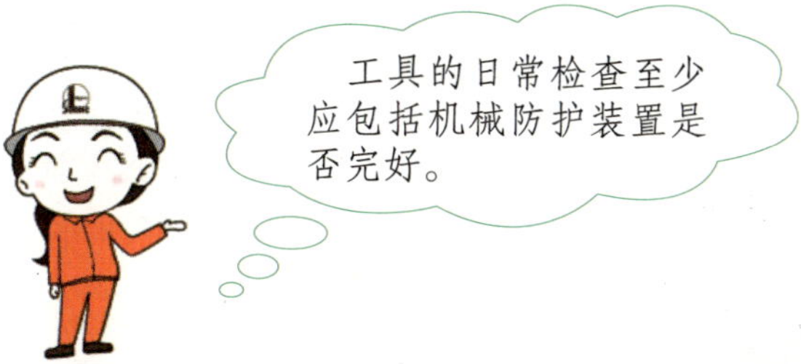

《手持式电动工具的管理、使用、检查和维修安全技术规程》(GB/T 3787—2017)中6.2

案例： 某采油厂采油管理区管线维修施工现场，操作人员使用的角磨机无护罩，存在伤人风险。

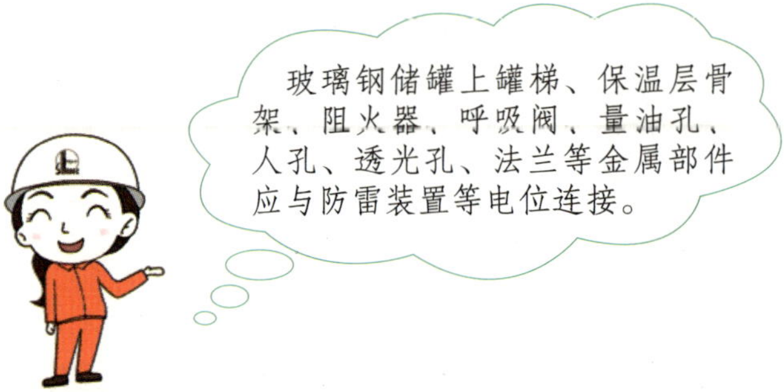

《油气集输站库雷电防护技术规范》(Q/SH 1020 2142—2016)中4.1.7

案例：某采油厂采油管理区集中处理站，新投产的采出液玻璃钢储罐安全阀、呼吸阀未与防雷装置等电位连接。

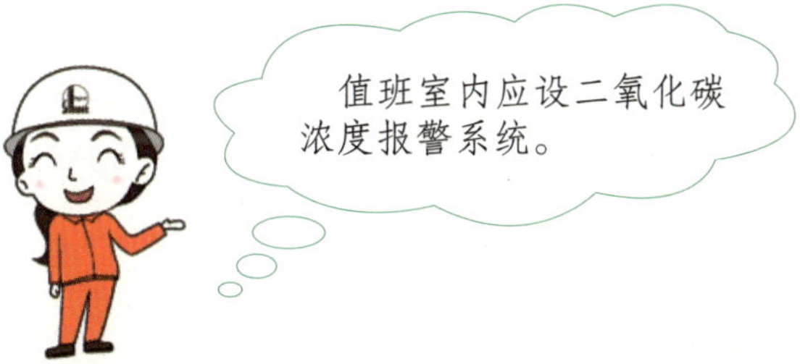

《石油天然气开发注二氧化碳安全规范》(SY/T 6565—2018)中5.6.4

案例： 某采油厂采油管理区注二氧化碳施工现场，值班室内未设二氧化碳浓度报警系统。

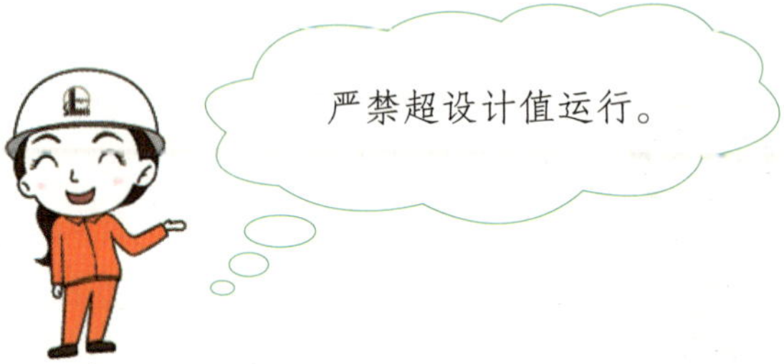

《中国石化设备管理办法》中3.3.1

案例：某采油厂采油管理区注采站，加热炉使用的燃气经调节器调节后燃气压力为23kPa，高于低氮燃烧器铭牌标注的压力（5~8kPa）。

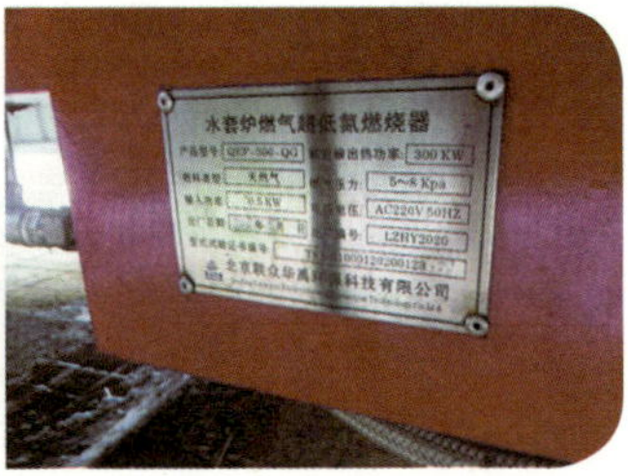

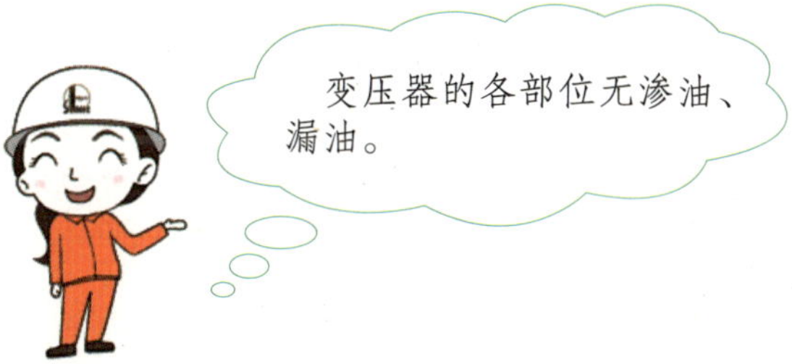

《电力变压器运行规程》（DL/T 572—2010）中6.1.4

案例： 某采油厂采油管理区计量站，在用变压器漏油，油位计指示缺油，存在变压器损坏风险。

行驶机构应有足够的通过性能，在推（或拉）行过程中的最低位置（除轮子外）与地面间的间距不应小于100mm。

《推车式灭火器》(GB 8109—2005) 中6.6.3.3

案例： 某采油厂采油管理区注采站，现场配备的35kg推车式干粉灭火器没有轮子，不便于应急使用。